我会好好的，在你的全世界

王永光 著

九州出版社
JIUZHOUPRESS

图书在版编目（CIP）数据

我会好好的，在你的全世界 / 王永光著. —北京：九州出版社, 2017.10

ISBN 978-7-5108-6062-1

Ⅰ. ①我… Ⅱ. ①王… Ⅲ. ① 成功心理 - 通俗读物 Ⅳ. ①B848.4-49

中国版本图书馆CIP数据核字（2017）第245234号

我会好好的，在你的全世界

作　　者	王永光 著
出版发行	九州出版社
地　　址	北京市西城区阜外大街甲35号(100037)
发行电话	(010)68992190/3/5/6
网　　址	www.jiuzhoupress.com
电子信箱	jiuzhou@jiuzhoupress.com
印　　刷	北京华创印务有限公司
开　　本	880毫米×1230毫米　1/32开
印　　张	8.75
字　　数	120千字
版　　次	2018年1月第1版
印　　次	2018年1月第1次印刷
书　　号	ISBN 978-7-5108-6062-1
定　　价	38.00元

前言

世间每天都有不断的精彩，给了一些人成功，给了一些人机会，风光与荣耀，太多人为此拼尽了全力，付出了一切。忙碌艰难的生活，我们需要挺立、顽强，然而人不可能永远做到坚硬如铁，人总要为自己的柔软包括脆弱与孤独找一个温暖的去处。那么，谁是你最后的归宿？

人生没有那么多的绝世无双，但有些爱却独一无二。那些爱如水平凡，细如纤尘，一刻不离。庞杂世界里的那个烟火小家，永远为我们亮着温暖的灯，不管我们出息与否，它都照亮着最温情的归宿。

这些文字零零散散写了两年，有时在路上，有时在榻间；有时在洒满阳光的清晨，有时在悲伤失眠的夜晚；有时写着写着笑了，有时写着写着哭了。

现在的世界变得太快了，快到我们永远都停不下追逐的脚步；许多人，太多事，转眼便化成沧桑。有些事，快到我们懒于思考；有些人，忙到我们疏于感觉。而那些事、那些人其实每天都如影随形，一直都在。

在此以这简单的文字感谢给我生命、牵挂我的亲人，感谢给我美好的遇到和看见，是你们让我的生命有了温暖的厚度，是你们让我的文字有了绚烂的色彩。没有你们，我什么都没有。

爱与被爱，如此简单。唯有好好珍惜，万般感谢。

感谢你们，爸爸妈妈，给予我生命，无论你们是富贵还是贫贱，是你们把我带到这个世界上来，这本身就是一个传奇，无需论证，不可更改。

不管你们给了我豪宅大院还是片瓦茅檐，你们的怀抱都一样温暖，与天下所有的父母毫无二致；不管你们给了我锦衣玉食还是一粥一饭，这养育都同样专心，从未懈怠分毫；不管我是可爱还是顽劣，聪明或是笨拙，你们都不惜心血，毫无保留；我点滴的进步成了你们眼中最大的骄傲，我零星的委屈和挫折都疼进你们时刻为我保持柔软的心里。

直到有一天，我终于有了自己的小家，有了自己的儿女，才明白：这些爱，远比我想象的更有分量，是它们让我走得不飘不浮，在这个世界不曾迷路。

我会好好的，在你们的全世界；也愿你们好好的，在我的全世界。

目录

CONTENTS

第一辑

母爱——余生陪你慢慢老

你为我付出最深的爱，也生我最真的气，然后我长大，你变老。儿行再远，远不过你年深日久的牵挂。你打电话说，不忙了就回家看看，其实我知道那是在说：在外面挺不容易的，想家时就回来歇歇。

一切光阴，都是爱的味道 _2

妈妈的“云朵”，开满故乡的田野 _9

女儿出嫁了 _16

妈在老家，儿在北京 _23

余生陪你慢慢老 _28

是你一直在坚强，还是我们一直在忽略 _42

母亲的“长征” _52

这么近，那么远 _60

祭母日 _67

妈妈，原谅我从来都不知道你这么爱我 _78

不要你老得那么快 _84

今生今世 _88

第二辑

父爱——这世界，难得还有你

他，常常是回到家默不作声的那个人，经常抽烟，偶尔醉酒。你，曾经很讨厌他，甚至憎恨他，你叛逆伤害的第一个人也是他。直到有一天，你也做了父亲，终于明白：他，其实是一座山，为你遮风挡雨，为你付出所有。

一碗热饺子 _94
这世界，难得还有你 _100
霾散了，阳光铺满城市 _107
你总有一天会疼的 _122
爱，永远是回家最近的那条路 _145
父爱的答案 _152

第三辑

疼爱——你甘愿卑微，遮挡我虚伪的坚强

世界往往把你虐得遍体鳞伤，生活也把你炼成钢筋铁骨，但你却把最柔软的爱留给了我，在任何时候，都让我觉得温暖，也让你觉得幸福。

奶奶的“娘花”_156

一路蹒跚的爱 _181

你甘愿卑微，遮挡我虚伪的坚强 _193

大姨 _199

一件棉衣 _215

原来，你什么都知道 _219

姥姥的枣树 _226

第四辑

宠爱——和你在一起

你可能不是天下最漂亮的孩子，也可能不比邻家的孩子聪明，但你永远是我最可爱的宝贝。此生，唯愿你健健康康，快乐成长，努力做那个你喜欢的自己，没有什么比这更重要、更令人幸福的事了。

冬雨 _238
和你在一起 _241
爱，从不缺席 _249
最好的孩子 _256
此生愿你慢慢长大 _265

第一辑

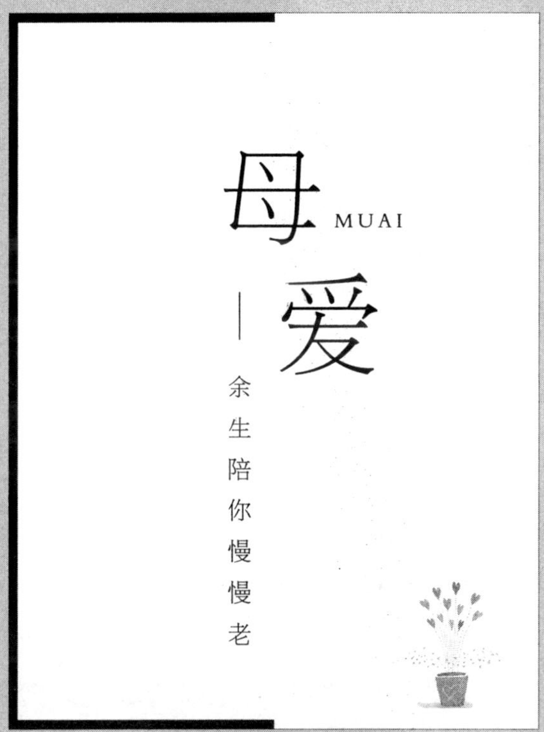

你为我付出最深的爱，也生我最真的气，然后我长大，你变老。儿行再远，远不过你年深日久的牵挂。你打电话说，不忙了就回家看看，其实我知道那是在说：在外面挺不容易的，想家时就回来歇歇。

一切光阴，都是爱的味道

1

幼时，你蹒跚学步，她总希望你能快一点、再快一点，快到可以大步前行；直到你在她的世界终于长成一棵参天大树，她希望你有更高远的天空。当你终于可以大步前行独自远行的那一天，她还是哭了。

从前慢，一切慢，慢到朝夕都能相伴，你的所有，都有她的味道；如今快，所有快，快到问询莫及，你的一切，都是她日久年深的牵挂。

妈妈有手机，但妈妈不常用，妈妈很少打电话，因为可打电话的人很少。

我说：“老妈，没事就给我打个电话呀。”但老妈却一直很少打。除非有特别重要的事。

而这所谓重要的事，无非是“你姨家妹妹要结婚了，你看你能回来一趟吗？要是忙，就算了，你那份礼，我给你随上，不让人家挑理就行了。”或者“你舅家兄弟又添了一个儿子，你不用回来了，份子我给你随上。”或者“你姥姥病了，这些日子总是想人，你能不能回来一趟呀？去看一下姥姥。”然后，便是长久的沉默，好像在等我确定的回答，如果听着我吞吐，言及工作的事，她就紧跟一句“要是忙，就算了吧。”

最后总结起来，其实有些电话是可打不可打的，老妈只是知会我一声而已。而我说的话又很少，因为老妈几乎从来没有为她自己的事，专门给我打过电话。

老妈，好像跟我没话可说，但我又似乎感觉她像是有着千言万语。

只是这千言万语，她在电话里说不出口。

2

直到我回到家，回到她的身边，她便把那不知攒了多久的千言万语，一股脑儿的全对我说了。

“你看你，怎么又胖了？我不是不让你吃，但你不能总在外面大鱼大肉的这么胡吃海喝，年轻时太放肆，到老了总是要吃亏的，什么‘三高’（高血脂、高血压、高血糖），各种病就都上来了，还是要节制一点好……”

“叫你别抽烟了，你怎么就是不听呢？烟有什么好，搪（当）吃呀还是搪（当）喝，不管饱不管渴的，还费钱，最关键的是，对身体不好，你长点记性啊……”

“你看你这裤子，裤腿儿都踩秃了，怎么还穿呀？还有你这毛衣，你看你这领子，都油了，脱下来、脱下来，我给你洗一把……”

“你能不总抱着你那手机看吗？你那手机里是有金呀，还是有银呀？人家说，老盯着手机看不好，年纪轻轻就得了青光眼、白内障，放下一会儿，放下一会儿，一个手机把人迷成这样了，也不知道到底迷个啥？”

我终于明白，老妈跟我不是没话说，而是只有我到了她跟前，她才这么絮叨不休。好像要从头到脚把我拾掇一个遍，她才满意。

拾掇就拾掇吧，谁叫我是她的儿子呢？

尽管，她对我这不满意，那不满意，但她还是照旧把一切都准备得齐全无比。说我胖，但每次我回家，她还是买回一堆菜，鱼或肉早早炖进锅里，饺子包了一盖帘又一盖帘，几乎各种馅儿都包了一遍，换着样儿地煮给我吃，还不时地问我馅儿是咸了还是淡了，生怕我不满意。

尽管，她反感我总是看手机，但还是临睡前嘱咐我一句“充上电，别玩得没电了，万一有人有事找你，找不到你。”

我临走前，她都是把我换洗的衣服，叠得平平整整，手机、钥匙等，一一交待，不厌其烦地嘱咐我一遍又一遍。

我还是那句“妈，有事给我打电话。”

但结果，她还是没打，又跟我没话了。

我奇怪，天下的父母，是不是都不习惯隔着百里、千里的空间和无线信号，给儿女打电话。是不是只有看见了儿女的模样，才有说话的机能和欲求。

3

后来，我给老妈买了一个智能手机，教老妈怎么使用微信，怎么语音、视频，老妈起初感觉很神奇，像个孩子般地羞怯，笑，也手忙脚乱地紧张，生怕点错了什么图标，到最后说一句“真麻烦！”或者加一句“这个费钱吗？”（似乎是年轻的时候发电报，一个字好几毛钱，把她心疼坏了。）

我说，这个跟家里的网络电视信号连上，是不另外花钱的，反正网络电视信号也是交了那些钱，不用白不用。老妈这才眉开眼笑，好像又得知了一个可以捡便宜的重要消息。没办法，老妈就是这么可爱。老妈跟小区里其他老太太一样，每天都精打细算，常常把全城各大超市、市场、小摊儿，都转一个遍，哪里的菜、肉价格便宜，成色又好；哪里又打折促销了，她们也都一一互相转告，甚至组团去买，还给人家卖主杀一回价。

挺好的嘛，反正她们也有的是时间。

老妈跟我视频了几回，但似乎很快又失去了兴趣，往往都是我先打开视频邀请，看到老妈一脸认真的样子，像个老师，这又使我不知跟她说些什么了，只好草草聊几句闲话，就挂断了。

但是，我一回到家，跟她见了面，她还是像从前那样跟我唠叨。

后来，我终于明白，电话、微信，她是真的用不习惯，她就习惯我在她跟前，她才自然又常态的有那么多的话想要说，哪怕是那几句翻来覆去基本不变的唠叨。

4

最近这次回家，老妈看《等着我》这档寻亲节目，常常看得一脸的泪花，抬手抹泪。我说："妈，换个台，咱别光看这个，光跟着人家伤心，掉咱自个儿的眼泪，对身体不好。"老妈瞪了我一眼："你知道个嘛。"

老妈说："有一年，你上学，老师打来电话说你闹肚子，上吐下泻。我带你去县医院，县医院的大夫说可能是急性脑炎，咱这里设备简陋、条件差，最好还是去市里的大医院再查查，别耽误了孩子。我带你去了市医院，结果只是病毒性感冒，输了几瓶液，你就又活蹦乱跳了。我寻思着，咱们轻易也不来市里一趟，就想着带你去玩玩，带你去百货大楼，结果差点没给你丢了，我去收银台交钱的空档，你竟然不知跑哪儿去了，当时，吓得我六神无主，又是拼命地呼喊，又是找服务台的，那时候大楼还没有广播，当时，我想你要是被坏人给偷走了，我死的心都有了。结果，你跑到卖玩具的那儿，蹲在地上玩得正欢呢，气得我上去给了你一脚……"

这事儿，我记得，当时我妈踢了我一脚，眼里的泪花儿就一个劲儿地掉，当时我还纳闷"你踢我这么疼，我没哭，你还哭个啥？”

现在，我当然明白了，是我妈终于找着我了。

5

上学、工作，我离老妈越来越远，尽管打个电话如此方便，微信视频也跟见到真人一样。但在老妈那里，似乎永远都不一样，似乎只有我到了她跟前，她才觉得我是他的儿子。

歌曲《常回家看看》，我妈说这歌儿写得是真好。

妈妈只说了这一句，我却似乎听到了徘徊低吟的千言万语，心里泛起一阵羞愧的潮湿。

那一天，我懂得：世界等我去走遍，而她一直把我当作她的全世界。

妈妈的“云朵”，开满故乡的田野

1

故乡的秋天，天很高，阳光也高，天蓝云白。妈妈在开得白花花的棉田里拾棉花，弯腰、直腰、弯腰……一朵、一朵，手一直不停拾掇。硕大的棉花开得成片成片，像天上的云，妈妈就像在云里，身影浮动……

刚下了城乡公交车回来的米朵儿，就这样站在村庄外的棉田地头儿上，看着“云朵”里的妈妈，眼里也一下子满了阳光。小时候，常常害怕一个人睡觉，有妈妈在，便不一样。曾经不管是被调皮的小伙伴欺负了的伤心，还是被老师误解的委屈，只要一到了妈妈的怀里，就消了大半的伤痛。渐渐长大的日子里，米朵儿觉得不管这个世界是多么不近人情，不如人意，只要有妈妈的怀抱，总会得到安静和温暖。

但现在，米朵儿长大了，妈妈也变老了，米朵儿不好意思再往妈妈的怀抱里钻，妈妈也不再搂她，但她多想，妈妈还能把她当作那个没长大的孩子。

想到这儿，站在棉田地头儿上的米朵喊出了那声“妈”。

妈回过头来，有些惊愕，转身穿过成片成片的“白云朵”，回到地头儿上来问一句：“这不年不节的，怎么这时候回来了？”

米朵儿想说“妈，我想家了，我想你了。”但这句话，还是没说出口。

妈说：“走、回家。吃饭了吗你，饿了吗？”妈一边从腰兜里往三轮车上装棉花，一边像往常一样询问。口气没什么变化，像一种习惯，已经深入生命里的习惯，好像一辈子都惦记自己的孩子有没有吃饱，好像孩子的肚子哪怕只饿了一次，便是自己的失职。

母爱的本能，就是在这一切波澜不惊的平常之中，日久年长，从不放下半分半毫。

2

妈洗了手，和了面，给米朵儿烙鸡蛋饼吃。妈不点火了，过春节的时候，米朵儿给妈买了一个电饼铛，妈欢喜这东西真是好，放进去，也不用管，一会儿就熟好了，出锅便能食。不用担心火候掌握不好，把饼烙糊了。

吃了鸡蛋饼，妈从衣柜里拿出一件红花绸的棉袄，把米朵儿叫过来，说："朵儿，来试试。"

米朵儿诧异："冬天还早着呢？穿什么大棉袄呀？"

"叫你试，你就试。哪那么多啰唆。"妈嗔怒她一句，一把将她扯过来，拿着棉袄就往米朵儿身上穿："我看看哪儿不合适，好改改。"

妈像摆弄个模特一样左抻右摆了米朵一番："恩，还算合适。"

"合适。哪有不合适的时候呀，你嘛时候做的都那么合适，你是谁呀，火眼金睛呀。"米朵儿跟妈要贫。

"我可不是什么火眼金睛，我……"妈说了半句，另外半句没说出来，或许不知道该怎么说。但米朵儿知道，另外半句话，她得替妈说：孩子就像是长在妈心里的影子，无论你胖了、瘦了，似乎她都有感应。这是当妈的，才有的不差毫厘的感应。

其实，早没人再穿妈妈做的棉袄了，太土、穿不出门去，但妈妈还是坚持给米朵儿做一件红花绸棉袄，说不管米朵儿穿不穿，这也算米朵儿的一样嫁妆。妈说，当年自己嫁过来的时候，姥姥也给自己做了一件，这是风俗，只是那时候，家里穷呀，姥姥做的那件嫁衣，布和棉花，都是借来的。每当说到这里，妈的神色总是有些黯然，大概是想起当年的难日子，也想起了自己不容易的妈，在心里默默地流下一行泪……

妈对米朵儿说，棉袄是她挑最好的棉花弹的棉絮，最轻、最软、最暖和，米朵儿赶紧地跟上表扬：“那是呀，妈是谁呀！我是谁呀！我知道，你什么都把最好的留给我。”妈去找针线，摸过老花镜，要把扣子给米朵儿盘上。米朵儿抱着那件红花绸的棉袄，低头闻了闻，有乡村十月阳光的味道，也有满满的妈妈的味道。

但米朵儿调皮地说了句：“嫁人有什么好，干脆不嫁，也无妨。”

妈拿眼瞪她：“哪有闺女不嫁人的。嫁人、嫁人，就是给自个儿找个家。一辈子，那么长，总要有自己的家。”

米朵儿说：“这里不是我的家吗？我宁愿一辈子跟妈在一起。”

“那怎么一样？”妈说。

米朵儿说：“有什么不一样？”

“反正就是不一样，你这孩子怎么光跟我抬扛。”

“不是抬扛呀，怎么过不都是一辈子嘛？”米朵儿说这话儿的时候，神情有些落寞。

妈听着口气不对，瞥了一眼米朵儿说：“妈能生你，但妈给不了你一辈子，也陪不了你一辈子，所以，你得要有自个儿的家。”

米朵儿听着这话，心里突然一沉，想掉泪，转身去玩手机。手机里花花绿绿的内容，她其实一个字也没看进去。

米朵儿，今年29了，米朵儿大学毕业后，在城里找了工作，也就生活在城里，每天忙碌地拼着自己的生活，也怀揣着自己的梦想，米朵儿也想嫁人。

但米朵儿知道自己嫁不了了。

3

这阵子，米朵儿一直不知道该怎么面对这个问题，怎么给妈妈一个交代。

因为那个交代，关乎生死离别。

米朵儿，是在两个月前被确诊胰腺癌的。米朵儿曾万念俱灰，甚至想过一死百了。米朵儿不觉得这个世界欠她什么，她只觉得欠妈妈什么。米朵儿很挣扎，这事儿，想让妈妈知道，又不想让妈妈知道。

知道了，怕对妈来说是晴天霹雳；不让妈知道，更怕事情突然来临，妈吓得六神无主，肝肠寸断。

米朵儿就这样在心里反反复复地纠结着，翻江倒海，一会儿火焰，一会儿海水，看着妈坐在炕角儿低着头认真地飞针走线，米朵儿眼里涌着莹莹的泪水，米朵儿知道，妈给她做的不只是一件出嫁的棉袄，而是一针又一针的心思、一线又一线的记挂。

米朵儿怕被妈看见，忙转身拿手拭去瞬间滚落的泪花儿。

妈一边盘着漂亮的线扣，一边跟米朵儿絮叨：“今年的棉价比去年贵一块多，得亏今年又多种了好几亩。”

做棉袄，絮棉被用不了这么多棉花。妈就是想多卖几个钱，一百一百地攒下。上学那会儿，米朵儿打电话回家要生活费，每次说要五百，妈就给寄八百，说要八百，妈就给寄一千。

米朵儿也给妈争气，考了全村几辈子人都不曾考上的学校，生活在大城市，妈不想让米朵儿受半点委屈。所以妈能咬着牙在烈日炎炎的夏日背着农药箱一口气打完六亩棉田。人人都夸妈能干。

妈笑着跟村里人说："咱也就卖这点力气了。"

米朵儿终于还是没说出自己的病情。回到城里，住进医院。米朵儿非常配合医生，米朵儿要付出全力，拼一个奇迹出来。医生护士们都佩服米朵儿的坚强。其实，只有米朵儿自己知道，她最怕的，是让妈遭受沉重的致命打击。最起码，也要让那个打击，来得晚一些。

女儿出嫁了

1

女儿出嫁那天，婚宴大厅里各种忙忙碌碌的热闹。

在饭店门口迎接完了亲朋好友，便又开始安排婚庆司仪进行的一项项“节目”，介绍新郎、新娘，辞藻华丽、公式化的夸张祝福，交换戒指，咬苹果亲嘴的逗笑，被“逼”互表衷心，白头到老的誓言……

看着女儿在台上的表演，还有婚礼司仪的幽默风趣，她拼命压抑着内心的那份慌乱不安。女儿出嫁了，按说是功德圆满，但不知为什么心里总是忐忑，到底忐忑什么，自己也说不清楚。新郎、新娘的固定节目完了，紧接着就到了父母上场的时候，上台去接受敬茶“改口”、给红包，等等。

姑爷端过茶来叫“妈”的那一刻，她有些紧张、有些别扭，总感觉那一声“妈”叫得再深情，也缺少了一份实在，所以自己脸上分外努力地笑，也明显地不自然，拘谨着答应，慌忙地往外掏红包，竟一不小心掉在地上了。场面有些尴尬，好在机智的司仪连忙打圆场“看来这丈母娘疼姑爷真是所言不虚，你看多么着急给红包……”

最要命的“煽情”节目开始了，女儿和父母拥抱，司仪还说着什么“要感恩父母养育之恩”的话，当穿着婚纱的女儿努力地笑着走上前来伸出胳膊时，她再也控制不住，眼泪一下子哗哗地流了下来……

女儿见状，控制不住了，也跟着哗哗不停地掉眼泪……

2

其实干吗非要说感恩养育之恩呢？生孩子养孩子，哪里想过要孩子感恩，而是一直怕给孩子的不够、不好。现在突然间想到的不是自己养育女儿的种种不易，而是脑海里跳出：哪一年哪一年，闺女喜欢的一件衣服，因为太贵，没舍得给她买；哪一年哪一年，闺女偷偷看言情小说，一把给她夺了；哪一年哪一年，因为一件什么事，把闺女批评得太狠了……现在想起来，这些事都算什么事呀？当初怎么就不多迁就女儿一点呢，让她有了遗憾，受了委屈。如今女儿这一嫁人，就成了别人家的人了，自己再想惯着也惯不了了，再想“纵容”也纵容不了了。在自己家里，怎么都好说，而一旦进入另外一个新的家庭，就必须重新塑造自己。尽管知道她身上还有这样那样的缺点和毛病，虽然相信她会慢慢改掉，但还是希望她能在自己身边改，而不是去另外一个新的环境磨合，甚至受伤害。

都说，嫁人是女人的第二次投胎，真的不假。

更担心的，不是她新婚快不快乐，而是她这一辈子能不能平平安安，一切顺心。因为自己也曾深信爱情，但终于还是要败给平凡琐碎的生活和无常的命运，也败给人心的疲惫和时间，最终将将就就过了一辈子。自己这样是可以的，但若是让女儿也这样过一辈子，还是那么分外的担心，担心他们一旦过起柴米油盐的日子来，会不会争吵，甚至大打出手。女儿在家里，怎么都是行，但到了另一个家，哪怕她受一点委屈，做父母的就受不了。可是，一旦女儿回来，他们还是嘱咐教育她在婆家要懂事、要勤奋，不能随着自己的性子来。这就是矛盾的他们啊！

这矛盾，是爱、是担心、是期望，希望你一辈子能过得平安长久。

3

曾经听过这样一段话：女孩子一出嫁，娘家就不再是自己的家了，即使回家的路再近，也会变得越来越漫长；即使回家的交通再方便，也会变得越来越不方便。因为她有了自己的家，要在那个家里倾注一生的心血。所以，回自己家变成了回娘家，而不是回家。

一想到这些，她的眼泪就越掉越多，内心五味杂陈地翻涌也一浪高过一浪，尽管拼命压抑克制，但还是哽咽出声，不由得想起了自己当年出嫁的情形。

她出嫁那时候，农村生活条件还不好，女儿结婚，父母还不像现在这样，都到婚宴现场，而只是由亲近的亲属送亲到男方家。她是家里唯一的女儿，又嫁得远，她是大学毕业后跟随男友到了男友家乡，二百里路，虽然现在交通方便，不算远，但对当初的交通条件来说是挺远的。村里还没有嫁过这么远的姑娘，所以当时父母给她准备的嫁妆在村里算最丰厚的。出嫁那天，她只顾着忙忙活活地听从“送亲人”和“迎亲人”的种种安排，所以根本没注意到父母的表情。直到几天后“回门”的时候，才听老妈说“你爸一整天都躲在家里，不敢出门，因为红着眼圈偷偷掉眼泪，怕人笑话。吃饭时总是忘了，还是会多拿一副碗筷，走到桌前才想起来，现在只剩下两个人吃饭了。晚上睡觉，一个人侧着身一阵阵迷迷登登地发愣，也不跟我说话，像个受了委屈的孩子。我说他‘闺女没嫁人的时候，你天天催促赶紧找对象，生怕闺女大了剩下了似的，如今嫁了人了吧，你又舍不得了’”。

妈说，那是老爸头一次没跟她拌嘴争吵。

今天女儿结婚，她开车也把老父亲接来了，老父亲已经78岁了，虽然没有大病重疾，头脑也算清楚，但背已驮的不像样子，是个十足的“驼背老头”了。此刻，她看见老父亲正安静地坐在酒桌上小心地吃着菜，一只手还接着另外一只手里筷子夹过来的菜，怕掉了浪费。看见老父亲这样，她极力控制眼泪，眼眶被冲撞得一阵比一阵生疼。

老父亲这个吃饭的动作，据说是小时候挨饿落下的毛病，老父亲一辈子老实本分，没有什么技术专长，也没什么官运财运，就是个地道的农民，那年为了供她读高中、读大学，去三十里外的砖厂背砖，别人一次背100块砖，他背150块砖，别人一天背六十趟，他背八十趟，就这样背了8年，没让她在学校受过一分钱的委屈。父亲的背也是在那几年里渐渐弯下去的。

结婚后，刚参加工作不久，她和丈夫两人工资都还很低，后来慢慢积攒一点钱，贷款买了房子，再后来又添了女儿，生活过得忙碌又窘迫。那时，年老力衰的老父亲没有更多的钱给她了，只是每到收获的季节，背着重重的蛇皮袋子把家里种的花生、红薯、核桃、水果、蔬菜，花二十块钱倒两趟的城乡长途汽车给她送来，让她在生活用度上，能省一点是一点。每次来，往往也不在这里多住，吃了午饭就急忙去赶返回的车。

4

都说，女儿是父母的小棉袄，小棉袄叫人家穿走了，没有哪一个不是万般地不舍。更有说，女儿是父亲上辈子的情人，所以，父亲是更在意女儿的人。她不知道，自己小时候，父亲对自己有多么宠爱亲近，只是长大后，他们便再没有亲近的动作。她只记得有一次，那年她在镇上上初中，突然发起高烧，父亲在村长家里接到电话，骑着自行车大汗淋漓地赶到学校，然后背着她往医院跑，终于没让她的脑炎发展严重。这是她所记得的，对父亲的背唯一的一次感觉：宽厚、温暖、踏实。显然，现在的父亲，再也背不动她了，但她还是那么渴望父亲再背她一次。

女儿也一样，她也同样背不动女儿了。

女孩子一出嫁，娘家就不再是自己的家了，因为她有了自己的家，而且要把一个家努力经营得更像一个家：平安、踏实、安稳。

妈在老家，儿在北京

1

初冬的小城，大雾笼罩，无论看向哪个方向，都是白茫茫的一片，几米之内不见人影。下了班，骑车穿过白茫茫的大雾，来到小区门口，还没拐弯，就听到那一句句熟悉的叫卖声："有买枣的不、有买枣的不……"

虽然隔着白茫茫的大雾，我看不清她的人影，但眼前还是浮现出那老妇人熟悉的样子，因为每到冬天，她就来这里卖枣，已有好几年了。待我走近，果真是她，照例是骑了那辆旧式的黑色二八自行车，车后架上挂着那只废旧钢条焊成的铁筐，铁筐里是一个装了半袋子枣的纤维袋子。老妇人60岁左右，头发花白，她身上穿着的还是去年冬天那件灰黑色的棉衣，连帽子也没有，只是今天因为天冷的缘故，多围了一个褐色的围巾，七八十年代的那种老样式，大概也戴了好几年了，又皱又薄。老妇人脚上套着一双比往日厚了一些的笨重棉鞋，家做的那种，大概是她自己动手做的。

2

老妇人的枣干净、肉肥，很少有干瘪和虫眼的，显然是仔细挑过了的，价格也算公道，斤两上也从来不糊弄人，所以她很受人欢迎。

但也许是今天大雾的原因，她推着车子停在小区的门口，一声声认真地叫卖着，却没有人光顾。我不由自主地走上前去问道："这么个大雾天也出来卖枣呀？"

"嗯"，老妇人简单地冲我笑了笑答道。"在家里放着也是放着，自己又吃不了这么多，快过年了，换几个零花儿。"老妇人显然没有张罗我买她枣的意思，她一向这么淡定从容，不像有的年轻小贩拿着个电子喇叭，无休无止地吵叫，好像你不买他的东西，会后悔半辈子一样。

本来家里还有一些枣，是老家的亲戚给的，但我还是说出了那句："我买一点枣吧。本来想多买一点的，只是今天出来带的钱不多，就给我来十块钱的吧。"老妇人冻得有些青紫的脸上，露出了一点温暖的表情，她掀开盖在筐上的布袋说："你自己装吧，可以挑挑。"

我说："不用挑，都知道你的枣好。"老妇人听了这话，脸上就有了些开心、自信的表情了，像是受到了极大的尊重。

而她受到的这份尊重是她应得的，靠的是自己的诚信。我一边往塑料袋里装枣，一边和她攀谈："大婶，家住哪里呀？"

她答道："东徐庄。"这个村名不禁让我心里一阵惊愕，那是一个离县城有十多里路的村子，这么大的雾，这般年纪的她是多么艰难地骑着自行车，驮了百十斤枣，来到城里的呀。

我说："其实，这样的天儿，你出来，是没有多少赚头儿的。"

"唉，自家的几棵老枣树，每年打了这些枣吃也吃不了的……"她平静地说着。

我笑着说："你这么大岁数，也应该享享清福了呀。"

她也笑了，说："享什么福呀，受了一辈子苦了。"不像是抱怨，倒像是对生活无比的淡然从容。

3

我继续和她聊着，知道了她有一双儿女，女儿打工嫁到了外地，儿子大学毕业后留在北京工作。

我说："可以让儿子接你到北京去住几天呀。"我有些开玩笑的意思，她却没有听出来，苦笑着回我："莫要提儿子，他比我活得还不容易。买房子借了那么多钱，不知猴年马月才能还清呢？我给他添不了多少钱，不给他添什么乱就念佛了。真不知道城里的房咋就那么贵，说出价来吓死个人，盖个房子真就要那么多钱吗，真是没谱的事……"

"他们过年回来吧？"我问。

她说："两年回来一次，每次回来都买一大堆不实用的东西。儿媳妇是城里人，也不习惯在咱这穷乡下待着，每次来住不了三天就吵着要回去。不过她倒是挺喜欢吃咱这儿的枣的，她哪里知道，那是我挑了好几遍给她留的，今年多留了一点，儿媳妇才添了孩子，咱这家里的枣能补身子。"

"有孙子了呀，你可真得该去看看呀，这可是高兴的事。"我分享到她的喜悦，也一脸高兴地对她说。

“我老胳膊老腿的，可走不动了，也坐不惯车的。本来打算把给她留的那些枣寄过去，可是邮费实在是太贵了，要好几斤枣钱呢。前几天，托一个跑业务的人顺路给捎去了。今天是最后一天出来，卖完了，年前就不出来了，得给小孙子做几件棉衣呢，天这么冷。年前再让人给捎去，实在不方便就只好寄去了，另外也寄一点钱过去。买房子借了那么多钱。这些年卖枣的钱，本来是打算我们老两口有个病有个灾的应急用。不过也只能先顾着儿子那头儿了。虽然不多，我也只能尽这些力了……”

老妇人一句一句口气平静地说着这些家常，而我的心不知怎么竟然一下子满满的，就像那颗颗红枣，一下子满了心。

不知有多少这样的年轻人，留在大城市努力生存，为着理想，或者就只为一份自己想要的生活竭力打拼，而也有无数个老妈留在老家，依然为儿女坚持着最后的努力。养儿难，方知母不易，儿女们终有一天会明白。

余生陪你慢慢老

1

我们身在繁华、忙碌的城市，每天为了生计停不下奔波的脚步，在种种面对里，不断穿行，倾尽全力搏一份想要的生活；或者为了曾经说过的理想，坚持着自己的努力，不管是举步维艰，还是寸步难行，我们仍把一切扛在肩上。相信总有一天，会万丈阳光，春暖花开。

而在这份坚持里，除了不负初心，还有对那殷切的期盼有一个交代。终于有一天，我们发现，不是功成名就，也不是风光世界，才能让那份期盼心安，而只要我们健康、平安，好好地在他们的世界里，才是最好的交代。

这次回家，不是法定节假日的特定安排，也不是家中有什么必须要亲临的大事。这次回家，只是顺路。

一个有着过命交情的朋友，他母亲“老了”。在我们老家，有老人去世，亲近的关系人之间，我们不说“死”这个字，也不书面化地说“去世”，我们说“老”。“老了”，就是故去了。怀着一份敬意，怀着一份悲悯。

也许，这里面有着一些老俗理儿的忌讳；也有着一种尊重的安慰，祝愿“逝者安息，生者如斯”。人怎么也是要“老去”的，生命一遭，生活一场，惊天动地，风光无限也好；普普通通，无所作为，平凡一世也罢，愿他安归天堂，早入轮回；而活着的人还要坚强地好好活下去，继续完成自己的精彩或者一世平凡，有责任，有承担，有在意，有牵挂，就都是好的。

在朋友那所老院子的灵堂前见到朋友，行完吊唁礼，过去搀扶朋友起来，看见他一脸泪花的样子，还是忍不住动容，也跟着潮湿了双眼。这个平时在我们眼里雷厉风行、叱咤风云的“大哥”，此时，看上去多么像一个脆弱无助的孩子。

大哥说：“兄弟，从今天起，我没妈了。”一句话，说得我也想掉眼泪，只剩下拼命地压抑难过。记忆里，对阿姨的印象仿佛一如昨日，历历在目。阿姨人很好，朴朴素素的一个纺织厂工人，那时家里住的是单位的两间宿舍，收拾得极为干净。我们去了她家，她总是早早地上菜市场买鱼买肉，做给我们吃，一人一大碗，怕还不够，一直瞅着我们手里的筷子，等着我们不懂事地“风卷残云”一番，又连忙抢过碗再为我们盛一大碗，直把我们一个个喂得肚饱鼓胀，临走，还往我们一人手里塞一个早早洗好的大苹果，笑着说：“下次再到家里来呀。”

而现在，黑白照片上的阿姨还是微微地笑着，而我们却难过地泪流满面。

此刻，我清醒地明白，不管这个世界有多少种坚硬，有多少种冰冷，我们每个人心里都深藏着一份自己的柔软，这份柔软跟权势官位、富贵钱财、风花雪月，都毫不相干。那份柔软就是当我们觉得我们还是个孩子，而那个能把我们当孩子的人再也不能把我们当孩子了。

哪怕是给我们端上一碗饭，腌上一小碟咸菜，洗一个苹果，或者抻一抻我们并不褶皱、没有灰尘的衣角……

2

大哥的老家离我的老家还有六十多里路。但我还是开车回家了。

三年前，母亲从我省城的家里又返回小县城居住，尽管我们百般劝阻，母亲还是坚持要回去。母亲说：“离开老家这么久了，想回去看看，住上一段时间，和老姐妹们儿、街坊们再聊聊天，打打麻将，院子里还有一棵老石榴树呢，也不知这些年结了多少石榴，是不是都被鸟给吃了……”

母亲就这么一直说她想老家了，我们也理解母亲念旧怀乡的心情，便不再坚持阻拦，好在母亲身体一直很硬朗。

而那年，儿子刚从小学升入初中，住校了，母亲也结束了她六年如一日、艰巨异常的接送任务。

母亲回到老家后，就一日一日不停地连连向我们“报喜”，说她又遇见谁谁谁了，小县城又盖了什么什么高楼，建了什么什么超市，拓宽了什么什么街道，谁谁谁家的儿子现在是什么什么局长了，哪个老姐妹儿都当太奶奶了。母亲还说她每天都去跳广场舞，还买了花花绿绿的鲜艳衣服，拍了一张张夸张艳丽的造型给我们看，我们笑，母亲这是又活年轻了。

我们想，的确她也是该享受生活了，她来城里给我们照看了六年的孩子，接送上下学，每日三餐，洗一家大大小小的衣服，每天打扫我们并不算大的房子。而我们除了感恩，就剩下尊重她的选择了。如今，她“解放”了，应享受她自己喜欢的生活。

母亲眼不花，耳不聋，也不笨，母亲还会用智能手机，每天用微信给我发照片和消息，像“新闻半小时”一样。每天都能收到母亲五花八门的各种消息，看到她过得还挺充实、快乐，我替她高兴，也多了一份莫名的心安。老有所养没问题，她有工资，有医保；老有所乐，她自己做到了。“老妈真是好样的！”我经常给她这样留言，也给她点赞。皆大欢喜，各自相安。倒也是难求的一份福分。

只是，渐渐地我也有些“麻木”了、疏忽了老妈的“消息播报”，工作压力，生活压力，各种人情琐事，我忙着我的各种“忙”，乱着我的各种“乱”，母亲“乐”着她的“乐”，我只求一份心安。

这次回家，我没给母亲提前打电话通知，我想着要给她个“惊喜”。

3

可是，等我到家，却看见老妈一个人戴着老花镜认真地在客厅里摆了一桌的照片，有黑白带齿的、有彩色胶卷的，她正在用心地一张张挑选、分类，仔细地用湿布擦洗，像是在完成一项“重大的工程”，我一下子也跟着百感交集，半天没出声，母亲竟然也没发现我，直到她累了，站起身用力地拍了两下自己的腰，看看窗外，大概是想看看“爷儿爷儿”（太阳）有多高了，是不是该上街买菜做饭了，才发现我，吓了一跳。

而我心里早已倒海翻江，我是不是个混蛋小子，不孝的儿呢，把她老人家一个人扔在这么偌大一个空荡荡的院子里，让她守着这一堆照片打发孤独的时光。

母亲的愣神儿只持续了一个瞬间，然后骂我：“你个臭小子，怎么回来不提前打个电话呢？”

我眼角的一股热热的湿就直往上涌，我已好久没听到“臭小子”这个称呼了，印象中，只是在儿时，上小学那会儿，母亲一直叫我“臭小子”。那时，我还怨恨她，我明明有一个亮堂堂的名字，她为什么偏偏叫我“臭小子”呢，我哪里臭，我一点也不臭呀，白白净净的，邻居阿姨们都夸我长得白净、俊，还要给我“说媳妇”呢。唯独我这母亲，却一直叫我“臭小子”。

那时，我跟她狡辩，问她我哪里臭。她说“等你将来有了小子，你就知道臭不臭了。”

这个答案在儿子出生以后，我终于明白了，那的确是一个臭，尿布、拉的小“粑粑”。哈哈，天下的人，不管你长大了，如何的人五人六，谁没臭过呢？但天下又有哪一个父母嫌怪自己儿女臭呢？但现实的残酷是，当他们老了呢？当我们自己老了呢？我们在公交车上嫌怪年老者，行动迟缓，身上有异味；我们在公共场合厌弃年老者拖拉、碍事；我们在医院里，看见那么多衣着光鲜的儿女极不情愿地伺候着老人，表情厌烦或麻木，有的甚至多是请保姆、护工，只来交钱，或者根本不来，动动手指，电子转账……

怪不得那么多的老人怕老，他们又有谁情愿老呢？包括还没有那么老的我们，我们也终会走到那一天，老天不给谁永远年轻的机会，不管你用多大官权、多少钱财，老天都不跟你交换，你该老，就要老，容不得商量，没有讨价的余地。

而那句“臭小子”为什么却怀了万般的可爱与疼宠？而一句“臭老人”，又有多少无奈与悲哀。

我说：“老妈，你怎么没去跳广场舞呀？”老妈笑：“你这个臭小子，你是真傻呀，还是跟我装傻，广场舞都是早晨或晚上才去跳的，大半晌的谁去跳呀……”

母亲翻兜找零钱，看样子是要去买菜做饭，这成了她习惯性的动作，好像见到她儿子的第一个反应就是她儿子肚子饿不饿。

我说：“老妈，咱要不今儿去饭店吃吧。多爽当。你想吃什么，我请客。”

我妈嗔怒我：“败家呀？钱是大风刮来的呀！饭店里的菜看着样子好看，哪个不是大油大荤的，吃着解馋，图一时痛快，到最后还是要为贪口腹之欲埋单的，吃出各种病来，又去医院花钱找罪受。再说，饭店里怎么也不如自己做的卫生，这叫养生，懂不？养生！我们现在老年人特别讲究这个，你们年轻人也应该讲究一点……”母亲就是这么厉害，她的理论永远高于一切，我们找不到一条理由反驳。我们又怎么能反驳呢？那是她一生不舍一刻地对我们的照顾和担忧、惦记啊。

我说：“老妈，我陪你一起去买菜吧？”

老妈愣了一下，然后脸上洋溢着温暖的阳光，说：“行！也该你这小的伺候伺候我这老的了。”母亲哈哈大笑，跟我开玩笑，突然间像个孩子。

4

在菜市场，母亲提着菜篮子在前面走，走走挑挑、挑挑走走，我跟在后面像个“小跟屁虫”，一切全凭她做主。我突然一下子想起小时候，我也是常常这样跟在她身后，一个小跟屁虫。只是那时候，她很忙，忙得整天像个轮子，下了班接我放学，买菜，然后回家做饭，然后催促我吃饭，然后又是刷锅、刷碗，然后又送我上学，又去上班，真是像风一样奔跑的母亲呀。

而现在的妈妈，是老妈，老了的妈，虽然无病无患，神清气爽，但再也不是那个健步如飞的年轻妈妈了。现在，跟在她身后，只看见花白的头发和微躬的脊背，一字一步的步子，她真的是老了。

卖菜的大姐笑问："阿姨，这您儿子呀！一看就一表人才、一表人才，在外面混大事儿的吧？"

母亲一边挑菜，一边笑："混什么大事儿呀，就是在外面上个班，也不当大官，也不发大财的，过个稳当日子吧……"

"哈哈，阿姨您真谦虚。"大姐仍然继续着她的客气。我也忙跟在后面跟人家客气，但还是分明地感觉出母亲口气里的那份"满足与骄傲"，好像在说"对，这就是我儿子，怎么样，还不错吧"。

哈哈，天下的母亲没有不天真的，永远觉得自己的儿子是最好的。

5

提了一篮子菜回到家，母亲择菜、洗菜、做饭，还是跟从前一样，动作熟悉地就像她一直在我身边，从来没有离开过我。我坐在茶几前翻看桌上的那些照片，有我萌萌的光腚满月照；有我上小学时傻乎乎的学生照；有上中学时瞎着心思留的长发照；有刚上大学那会儿的青涩照，意气风发，现在看着却土得掉渣儿；有我笑得有些不自然的结婚照；有我出差各地的风景照。再以后、再以后，就没有以后了，我基本再没照过什么照片了，我忙得或者也懒得照一张照片，寄给母亲了。

最新的，便是我儿子，她孙子的照片了，高清塑封，高大上，比我进步了好几个时代。还有几张母亲抱着我儿子的照片，从照片上看得出，母亲的笑最慈祥、最阳光，似乎也最幸福。我想，她这一辈子，不管受了多少穷苦、受了多少委屈，流过多少汗水、多少泪水，都被这满满的收获全抵兑了。儿子、孙子就成了她的全世界。不管人生有多少不尽人意，有多少这样或那样的遗憾，到头来，终有那么一份圆满成了你最后的踏实与满足。

厨房里一阵熟悉的响动之后，紧接着饭菜的香味很快弥漫了整间屋子，我也突然觉得这世间没有哪一种温暖能胜过这平素烟火的温暖，而我们也只能在这平素的烟火里找到生命最可宝贵的温暖。有母亲在，真好。

正在感慨，突然母亲的手机响了，“妈！电话。”我喊了一句。妈系着围裙出来，拿起手机接电话，没几秒，脸色一下子凝重。

“小超。跟妈去医院一趟吧。”妈神情落寞地说。

一个一起跳广场舞的阿姨突然病危了。

我们驱车来到医院。医院的楼道里站了满满一楼道的老人，有的跟母亲年纪差不多，有的比母亲更年长。

这位阿姨，两儿一女都在国外。

老人们有的叹息，有的掉泪。那安静而沉默的悲伤，真是让人的心有种触痛的感觉。有一些老人还在极力地向大夫央求无论如何也要保住老太太一口气，等她的儿女们飞回来……

后来一帮老人商量，留下几个身强力壮的轮流值班照顾病患。母亲也自告奋勇，人们都客气地说：“你过几天再值吧，儿子这不是回来了吗？”母亲连忙说：“不当紧、不当紧。他这次是临时顺路，明天可能就回去了。”言语里满是歉疚，好像自己没有领到“光荣任务”，对不住大家一样。

回家的路上，母亲一句话也没说，神情一直沉默。我心里升腾起一阵阵不安，下定决心，打准主意，这次要带母亲一起回去，绝不继续留她一个人在小县城。

父亲五年前去世了，母亲因为照顾孙子，跟我们一起生活了六年，现在又回到小县城自己一个人生活，虽然那是她自己说愿意的，但我不能再允许了。

午饭，母亲没吃几口，我也吃得缓慢。母亲在一旁一个劲儿地催我快吃，别吃凉了。

我终于打破沉默，说要带她一起回去。

母亲说：“知道你是给今天的事吓着了，其实妈没事，妈身体好着呢，等哪天妈真觉得自己应承不了了，再去麻烦你们。”

母亲终于说出了她的心里话，然而这心里话，却字字锥心。“等她自己实在应承不了的时候，再去麻烦我。”这个“麻烦”一词，说得特别郑重，又好像有一些“歉疚”。

我恼怒了，说：“你不能让我做不孝儿子吧？”

母亲看我着了急，口气软了下来：“你看你，急什么急。我又没说不跟你回。天下的爹妈都是一样的，不到实在动不了，要麻烦你们的那一天，是绝不会轻易去麻烦你们的。”

“怎么能说麻烦呢？”这是天经地义对“孝道”二字的解释，但现实又的确是“麻烦”的，老人们都更比子辈们理解这个麻烦，也更害怕这个麻烦。

而我却也为我刚才说的话感到羞愧，好像我在逼母亲必须让我做一个孝顺儿子，决不能给我留下“不孝”的口舌和骂名；好像我要做的孝顺，也是母亲必须的服从。

6

我软了口气说：“老妈，不只是你一个在这里我不放心，是我真的不习惯没有你的日子，跟我回去吧，每天看见你，我心里才踏实……”

我话没说完，母亲的泪花子一下子就下来了，一把把我搂进了怀里，我的泪花子也一下子下来了，我感觉自己又回到了小时候，母亲的怀抱还是那么温暖……

我的母亲，尽管，你从没说过那句“儿啊，我的余生只有你了”，但我深深知道，那是你一直想说的话。你只是把它放在心里，看着儿子一切安好，说与不说，又有什么分别。你怕“麻烦”，你就那么固执地想着“能不麻烦就不麻烦”。可是，儿还是要麻烦你，再麻烦麻烦你，一百年，或者更久，才好！

因为我永远是你的那个“臭小子”，你永远是我万般不能舍的母亲。不管我以前让你生过多少气，有过多少失望，有过因为喜欢外面折腾的世界，而忘了回家，忘了给你打个电话，忘了你是不是该添件新衣服了，几年、十几年前的衣服还穿在身上……

生而依赖，是我们此生骨肉不分离的依赖；死而向生，是我们还没爱够的祈愿。我们都是各自的唯一。

你养我长大，我陪你变老，能多一程，就再多一程。

是你一直在坚强，还是我们一直在忽略

1

有些爱，是血脉相依，骨肉不离；有些爱，是一生爱定一个人，即便万般辛苦，都矢志不渝。我们一直天真地相信你的坚强，却也无知地忽略了你的脆弱。

父亲母亲都从单位退休多年了，住在县城的一所老院子里，有退休金、有医保，应该算是衣食无忧，安享晚年。我们姐弟几个的孩子也都大到不用再麻烦他们照看的年纪。县城环境清幽，老同事、老朋友也多，他们一直说喜欢待在县城，过安静闲适的日子，所以我们也一直没有强求他们搬到城市里来跟我们同住。说真的，我们也从心里希望他们能这样一直幸福安静地安享他们的晚年。

唯一让我们惦记的是父亲，父亲较母亲年纪更大一些，身体状况稍差，尤其近几年，虽说没要命的大病，却总是小病不断，吃药已规律性到伴着一日三餐，偶尔住院，两年前又做了心脏搭桥手术。我们姐弟几个都是按照习惯，在公休日和法定节假日轮流回小县城看望他们。每次询问最多的也都是父亲的病情，给他买一些内部渠道、价格不菲的特效药，每次也都不忘像叮嘱幼儿园小朋友一样不厌其烦地叮嘱他一定要按时吃药、少食多餐、保证睡眠、适量运动，切不可轻信什么“健生堂”之类的江湖骗子的保健品宣传，等等。同时，也嘱咐母亲一定要对父亲实行全天候监控，不允许他去和老哥们儿们长时间地打麻将，抽烟喝酒更是要严令禁止，晚上睡觉时要多起来瞅父亲几眼，万一父亲有什么突发病情况，好及时拨打120急救电话，避免延误救治。

每次我们回来的这番“轰炸”般的嘱咐，都会令父亲不堪其烦，挥着手喝令我们禁止，有些恼怒地吼道：“没病也叫你们嚷出病来了！”

倒是母亲总是和颜悦色地耐心倾听，一声声道着：“知道、知道，不敢马虎的，这些我都记着呢……”一边说着，一边随手从茶几下面拿出一个小本子给我们看，那上面工工整整地记着父亲严格的作息，还有需要忌口的食物。真是一本老年保健手册，让我们在放心之余，还另生了一份佩服。

2

母亲小父亲6岁，身体一直很硬朗，说话如钟、走路如风。我们甚至还跟她开玩笑：“您的身体真是比我们还要棒呢！”每每说这话，她也是一脸的春风：“那是，我多素少荤，少食多动，心里也不琢磨啥事，没什么压力，每天还能开开心心地去跳广场舞，这叫无事一身轻，不像你们整天忙这个、忙那个，上班、交往、人情、孩子，一大堆事，心里老装着事儿……”

我们常常被母亲的乐观阳光所感染，还真是挺羡慕她的。

可是，我们无论如何都没有想到，就是这样一个乐观阳光的人，在一个月前的夜里突发心脏病去世了。父亲语不成调地打来电话，催促我们赶紧回来的时候，我们还以为是父亲喝醉了或者说梦话。但当我们跑到医院，看见头发一夜白透，像苍老了一个世纪一样的父亲坐在医院急诊病房外的塑料椅子上正老泪纵横时，我们都像一下子被扔进了一个无底的黑暗深渊，什么也看不见，什么也摸不到，只感觉到被恐慌与冰凉包围着快要窒息。

我们甚至一时连眼泪也不会流了，因为我们不肯相信这是真的，我们甚至怀疑这也许就是一场梦而已，等梦醒了，那个一脸阳光、笑呵呵的母亲又站到我们面前了。

可惜这不是梦。急诊的大夫从救治室里出来叫家属，父亲腾地一下子从椅子上跳起来，跑过去，一把抓住了那个中年大夫的手，眼神里满是惊慌的期望，我想他的惊慌是不想听到那个他不愿听到的答案，他的期望是他极力地希望收到一个意外的惊喜：一切都没事了。

然而事情的真相，大夫没有隐瞒，抱着父亲的肩膀沉重地说："老爷子请节哀，我们已经尽力了，好在阿姨走得没有一点痛苦。"那一刻，父亲瞬间就像一片枯黄的秋叶一样从大夫的怀里飘落下去，我们连忙冲过去惊呼道："我爸有心脏病！我爸有心脏病！赶紧、赶紧呀……"我们手忙脚乱地从他衣兜里翻着救心丸，医生也慌张地急忙采取救治措施，一边呼叫着护士把父亲送到病房。

父亲的四肢无力，眼神无力，满满地溢着混浊的老泪，嘴唇颤抖，一声声努力地唤着"桂芳、桂芳……"

我们这才一个个地跟着掉下眼泪来。

3

好在父亲脱离了危险，他沉默地仰躺在病床上一件一件地向我们交待如何办理母亲的后事，一边不时地抬起衣袖拭着淌满脸的泪……

父亲最后做总结："你周姨，不！你妈，从三十六年前没要一分彩礼到我们家，在我们家这三十六年也没享一天福，也没风光过一天，你们哪个不是她带大的，你们家哪个孩子不是她带大的？你们都明白。现在她这么急匆匆地走了，她没有拖累你们任何一个人一天！她是最冤的人了，你们必须得让她走得风风光光的……"说到这里，父亲已泣不成声。

我们也一个个跟着掉起眼泪，小妹还止不住呜咽，哭出了声。

的确，周桂芳，不是我们的亲妈，生小妹那年，我们的亲生母亲难产去世了。周桂芳是我父亲以前学校的一个同事，父亲大学毕业那年，周桂芳也师范毕业分配到父亲所在中学的实验室做实验员，她喜欢上了父亲，但一直都是暗恋，言语之间向父亲表示过爱慕。父亲也有所察觉，但父亲在那所乡下中学没待满一年，就调到了县城的高中，并与大学同学、我的母亲结了婚。

周桂芳待在那所中学，一直未婚。

直到六年后，母亲意外难产离世。朋友同事们来吊唁，看着五六岁的姐姐、我，还有嗷嗷待哺不到一个月大的妹妹，都叹气怜悯，周桂芳也来了，抱着不停哭闹的小妹，哄她，冲奶粉、喂奶粉、换尿布……

原来中学的老领导，在母亲的后事处理完了以后，找父亲长谈了一次，半年后，周桂芳嫁给了父亲，成了我们的后妈。

但我们那时，还没有后妈这个概念，只觉得家里多了一个阿姨，每天照顾妹妹的阿姨，给我们做饭，给我们洗衣服，送我们上幼儿园……

父亲一直是县城高中高三的主力教师，学校领导为照顾父亲的难处，把周桂芳从乡中学调到了县城高中当图书管理员，这样方便照顾我们一家大小的生活。

唯一不愉快的是我和姐姐上小学之后，有同学说我们是后妈的孩子，我们在学校里受了欺侮，回到家闹脾气给周桂芳脸色看。父亲火冒三丈地打了我们，并喝令我们以后不准再叫“周姨”，就叫妈，每天上学出家门前叫一次，放学回来进家门叫一次，如少叫一次，就绝不轻饶地打我们一次。

当然，我们没有少叫，我们也没有挨一次打。

我们渐渐长大了，懂事了，周桂芳就成了我们的“亲妈”了。

况且，在我们成长的日子里，她和亲妈没什么两样。

4

我上初中时，有一年，母亲突然地生病住院。父亲把我们扔在家里，去医院照顾母亲。我和姐姐商量做一顿饭给母亲送到医院去，我们笨手笨脚地做了西红柿鸡蛋面，因为我们知道母亲一直喜欢吃西红柿鸡蛋面。我们想给母亲一个惊喜，也想让父亲夸奖我们一次，说我们懂事。

我们抱着保温桶，把西红柿鸡蛋面送到医院，父亲母亲都很惊喜。尤其是母亲，竟然还感动地一边吃面一边直往保温桶里笑着掉眼泪……

父亲为打破这尴尬，开玩笑地说：“大妮和二虎做的面有这么好吃吗？你看把你高兴的，来，我尝一口。”

父亲拿过保温桶，喝了一口汤，瞬间皱起眉头：“你们两个马虎蛋，怎么没放盐。”

我们一下子糗了，羞愧的脸涨得通红。

母亲却一把夺过保温桶：“什么没放盐，是你吃的口太重了！”

我们不好意思地笑了笑，那一刻，我们觉得母亲好亲好亲。

我们问母亲得了什么病，什么时候能出院。爸爸憋了半天没说出口，母亲笑着说：“阑尾炎，小手术，没几天就出院了。”

但我们走到医院走廊时，却发现母亲住的是妇产科的病房，我们向护士打听，护士说母亲做的是引产手术。

懵懵懂懂的我们，大概知道是什么意思了，就是母亲肚子里的孩子，她决定不要了。这件事，等我们回到家后，听邻居们议论，说是母亲为了减轻家里的负担，也为了我们姐弟几个考虑，竟然决计不再生孩子了，硬是把一个五个多月的孩子引产了，真是个不一般的女人。

听到这样的议论，我们突然感觉好想哭。

从那一刻起，我们决计这辈子一定要做母亲最听话的好孩子。

5

后来，我们有了孩子，长大了才明白，母亲之所以走到引产这一步，看来当初也是经过很痛苦的一段挣扎，也是鼓了很大的勇气的。

母亲真不易！

后来，我们一个个的上学、就业、结婚、生子，母亲毫不懈怠地为我们做了一切她觉得分内该做的事。我们姐弟的几个孩子，也都是她轮番一个个为我们带大的。我们一个个都有了安定的家。母亲和父亲却选择待在小县城过他们的安静日子，从来不主动麻烦我们什么。母亲一心照顾身体不好的父亲，尽着她最后的一份责任。

可是，我们却一直习惯性地只顾担心父亲的身体，而忽略了母亲，竟然还一直为她的好身体、好心态而坦然、高兴呢，她却这么突然地就离世了。

而她走的时候，我们没有一个人在她身边，没来得及听她说一句话，也没来得及对她说一句话，哪怕简简单单地说一声“谢谢”两个字。

可惜，她没有给我们这个机会。或许是我们有些混蛋，没有准备这样的机会给她。我们真是不可饶的罪人呀！

这份愧疚，将会让我们一生不安。

我们去给母亲上坟，给两个母亲上坟，父亲说什么也不顾村里的礼数，坚持要一起去。我们跪在坟前，一声声喊着妈妈，眼前浮现的却只有周桂芳妈妈清晰的音容。姐姐、妹妹跪在地上认真地烧着纸钱，没呼喊几句妈，就已泣不成声，我的热泪也夺眶而出，转身看见拄着拐杖的父亲，也已泪流满面……

我们的世界，感谢你来过；而我们的全世界，都是被你点亮的。骨肉只是伦常，而挚爱才是天道。

母亲的“长征”

1

母亲在邻村的小学教书，一直教，教了一辈子。

说桃李满天下，是真的，但天下广大，世事纷繁，那些已走向天下、遍布天下的“桃李”，还能记起母亲的，我猜：不多。

母亲不过就是一个平凡的乡村教师，一个月领着微薄的工资，还打理着家里七八亩的农田，就这样生活了一辈子。

她一辈子没离开过乡村，没离开过那所换了不知多少次围墙的学校，也没离开过那几间来回交换的教室。

但母亲自己却格外珍惜这份工作。不是因为什么伟大理想，也不是因为什么高尚情操。这样的话语，也没有从母亲的口里说出来过。

她常说的倒是有一句话：我就是一个普通的乡村老师。

母亲靠这份工作养活自己，也养活自己一家老小的日子，添了家用，置办了家什，凑足了我们的学费，到头来，也就落了这么一份可以养老的工资。

母亲很知足，母亲也很在意。

因为这份工作来之不易。

2

母亲上初中时，是20世纪80年代初，那时候家里穷得勉强能填饱肚子，兄弟姐妹一共五个，对于当时那样的一个家庭来说，供她读完初中，已实属不易。母亲的父亲唯一一次和老师见面，老师说：“文丽这孩子脑壳不是那么出类拔萃，但知道用功、认真，所以成绩不错，考个师范、将来当个老师，吃上公家饭应该是没有问题的……”

木讷、不善言谈的姥爷只说了一句：“先生，您多费心。”

中考那年，班里五十多个学生都在用功地备考，母亲更是刻苦专心。晚上回到家，忙忙慌慌地扒几口饭，就伏到里屋的那个当作书桌的小木柜子上看书复习。清早五点便起来了，帮娘做好一家人的早饭，自己往书包里塞两个玉米面饼子，然后骑着家里那辆唯一的二八自行车奔往十五里路远的乡中学。每每骑到学校，已是大汗淋漓，教室却还没有开门，她便放好车子，蹲在教室外的墙根儿下，掏出那两个早已经凉透了的玉米面饼子，一边吃、一边拿出外语或是语文课本来默默地背诵。

"一定得考上才行！"母亲在心里不止一次暗暗地对自己说。考上了，全家光荣，自己也跳出了农门。这就是当时母亲心中最大的人生理想。

走进考场，她认真地做着每一道题，一点也不敢马虎。第一场、第二场都很顺利，可是第二天要考第三场的时候，却发生了意外。

那天，骑车往学校赶的半路上，突然下起了大雨，她慌忙拼了所有的力气往前紧蹬，也许是用力太猛，车链子"嘎嘣"一下子断了……

浑身湿透、哭得满脸是泪的母亲推着车子走到学校时，第三场离考试结束只有半个小时了。

那年她落榜了，委屈和伤痛持续了整个夏天。

"妮儿，认命吧……"姥爷抽着呛人的旱烟，低声地说出这么一句。

母亲无声地流着泪，她知道自己不能再拖累家里，所以在心里憋了好久想要去复读的心思就这样憋在心里了。母亲开始下地帮爹娘干活儿，什么活儿都干，只是她的话儿越来越少了，也很少再笑。

就这样过了两年。一个偶然的机会，母亲去邻村一所小学当了代课老师。因为当时有一个年轻的女老师随军走了。正好那年，姥爷去邻村的亲戚家帮忙盖房子，听说了这事，轻易不求人的姥爷拎了两瓶67（老白干）去找了村支书。老支书正愁娃娃们开不了课，就说："那就先让她来代着吧，一个月二十五元。"姥爷回来告诉母亲这一消息时，很久没有笑过的她，终于再一次笑了。

就这样，母亲当上了乡村小学的代课老师，非常认真地上好每一节课、管好每一个学生。早来晚归，披星戴月。学生们喜欢，乡亲们喜欢，校长高兴，当然母亲自己也喜欢。

世间的好多事都是这样，来得不易，才懂得倍加珍惜。

一年后，母亲参加了县里组织的民办教师考试，考了第一名。工资上调了十元，但更令她欣慰的不是这每月多挣的十元，而是她终于成了可以到乡中心校去开会的"老师"了。

女大当嫁，母亲嫁给了当兵复员回家的父亲。新生活开始了，一切那么平常自然，波澜不惊。母亲说，当时她挺知足的，一份稳稳当当的日子。

3

可是紧接着大批的中专生开始分配到乡村来，县里开始着手教育改革，清退部分代课和民办教师也是其中重要的一项。文件规定，所有上课的教师必须具备中专以上正规学校毕业的学历，鉴于本地实际和从社会稳定出发，允许符合一定条件的民办教师通过考试到正规的学校进修，然后转为正式教师。母亲各方面都很优秀，但就一条死死地卡住了她：工作必须满五年以上，而母亲只差一年。

当时，村里的日子已不再那么艰难了，粮食打得也多了，再种些棉花、花生什么的，收入也不少，而且父亲那时又去县里的运输公司开大货车，工资也不少。父亲说："不教就不教了，咱又不是除了这个，挣不来那几十元钱。"

待在家里的母亲，吃不下、睡不着，人也迅速地消瘦了。好多人也来劝，可是母亲的心还是安不下来。那是母亲头一次深刻地思考，也许那份工作，不仅仅是那几十元钱的事。

母亲去找校长沟通。几经商讨，乡里鉴于她教学成绩一直不错，同意她仍继续代课，明年再考，但不是参加县里组织的考试，而是要参加省里的考试，考上正规的学校才行。就这样，母亲一边教书、一边复习，一样也不敢放松。第二年，终于考到外县的一所职教中心的幼师班，但必须得脱产去上三年的学、拿六千多元钱的学费。

而当时的我，还不满周岁。

父亲没说不同意，也没说同意。但奶奶说什么也不同意，说就为挣那几十元钱的工资，把孩子扔下，把家扔下，不值。一个女人，还是要顾家、顾孩子、顾日子。

母亲给奶奶跪下了，说："这学我得去上！"

第二天，母亲抱着我哭得泪珠子像撒了一地的豆子。然后，狠着心一扭头骑上了车子，母亲是骑自行车去一百三十多里路外的邻县职教中心念幼儿师范的。母亲带上一些干粮、咸菜，一个简单的包裹。五天后母亲又骑着车子回来，从星期六的早上五点骑到下午三点。邻居张婶说："那时你妈骑车子回来，进门第一件事就是忙忙慌慌地去抱孩子，那时你小，好几天不见娘，一脸的陌生与慌张，害怕得哇哇大哭，你妈也哭，心像碎了一地，泪也洒了一地……"

就这样，母亲每个星期从家到学校往返一次，每次还从上学的县城花几元钱给我买点村里见不到的新鲜样的零食，或一两件小衣裳，那是她不坐汽车省下来的路费。

三年，很短：只有三个春夏秋冬；三年，很长：一个有孩子、有丈夫的女人骑着车子骑了三万三千多里路。

那是她一个人的长征。

4

母亲曾经跟我说过，毕业那天，她抱着那张薄薄的毕业证哭了，因为她终于不用再来回跑了。也终于不用再看婆婆的脸色，不用听丈夫的叹气，不用跟孩子分离了……

母亲就是用这样一个“长征”，完成了她名正言顺的公办教师身份，然后做了一辈子、平平凡凡的老师。

母亲有一本老日记本，日记里说，她很知足，唯一的遗憾是：那三年，她离开我的那些日子，她这辈子再也没法补回来了。无论她多么加倍地疼我，她总觉得是无法补偿的缺憾。

我捧着那本日记，一下子脸红，泪如满面。

“妈，你不欠我。是我欠你，都说儿女是这辈子来讨爹娘债的，是我欠你的呀，妈……”

世间每一场母爱都是一个“长征”，不管是千千万万个操劳的日子，还是一粥一饭、一针一线的照顾，日夜不停地牵挂，都是她一个人的“爬雪山”“过草地”，而她还是渴望这“长征”永远没有终点。

这么近，那么远

1

年初的时候，调动了工作，上班的地点从西城变到东城。我的家在西城。以前每天下班步行两个路口就可以轻松到家，每天回到家一推门便看见母亲掐好时间端上桌的饭菜。

而现在，东城离家有二十公里之遥。渐渐的，我开始习惯不回家了。不回家的理由从开始的“加班忙，领导压的担子重”之类的客气说法到最后的“来往实在太不方便，每天都很辛苦。况且我在单位宿舍也住习惯了。”

而其实真正的理由是我越来越想有一个独立的空间。

母亲两个月前已从那所她工作了三十年的小学正式退休了。

一个周末，母亲打来电话说做了我最爱吃的辣子鸡，叫我赶紧回去吃，怕放久了味道就不新鲜了。我应应付付地答应了，其实我已不知道有多长时间没有回家了。

饭桌上，看着我狼吞虎咽的样子，母亲表情欣慰而安静，她问我："几年之内工作不会再变了吧？"我苦笑着说："这次恐怕是要一辈子做下去了。"母亲脸上有了欢喜的微笑。

2

谁料半年之后，母亲突然交给了我一把钥匙，说她在东城交了四十万首付为我按揭买了套房子，将来给我结婚用，而从看房、交房、装修，这些事，母亲一直都没告诉过我。

母亲是个不善表达、沉默讷言的人，但这不是她的本性。原来的她爱说爱笑，但在我8岁那年的一场变故，使她的性情发生了急转变化。

那年的夏天，母亲意外地撞见父亲的外遇。从未想到、也没有丝毫准备的她一时间崩溃了。她没有想到那个曾说过要与她不离不弃、白头到老的男人竟然这么轻易地背叛了她。

他们离婚了。

她只坚持要我。

只是她没有想到这些对她来说都还不是最大的打击。

离婚后不到一个月，父亲和他的那个年轻女友在自驾游的路上遭遇车祸，双双毙命。母亲咬着牙根解恨地说过“报应”之类的话，但有好几次我看见她躲在厨房、阳台或卧室偷偷地流泪，精神恍惚地自言自语：“老天爷，这报应还是太狠了点，哪怕是要他一条腿呢，或者两条腿都行，不该要他的命，他没了，我儿子就没爸爸了……”

母亲一直没有再婚，尽管有那么多说媒的人踏破了门槛、磨破了嘴皮，但母亲只是从客气地推阻到最后坚定地一句“谢谢您操心，但我没法儿过儿子这一关，他现在已快长成懂事的大人了。”

所以，从我9岁到现在的26岁，这17年来，一直都是她撑起我所能拥有的全部世界。而现在这四十万，是她大半生的全部积蓄。

3

搬到新房后不久，母亲一直追问我女朋友的事怎么样了，我也一直在说“找着呢”的应付之辞。其实，最近我一直在苦忙一件重要的事情，根本没有心思去谈恋爱。老板叫我负责一个新产品的研发，说我要是把这个项目做成了，我将能得到五万元钱的奖金。我的信念是必须做成这个项目。从母亲交给我那套首付房钥匙的那一刻，我已清晰地明白，她是把她的一生都要给我，而我必须对她有所交代，让她欣慰地知道她的儿子是可以依靠的。

母亲每隔一周都会倒三次公交车从西城的老房子赶到东城的新房子。见我满地的脏衣服、臭袜子就没完没了地叹气，见我满屋的泡面盒子就骂我："你是不是天天都吃这个，你要作死么。"每次母亲一边唠叨、一边手脚不停地收拾好一切，再去菜市场买回一大堆吃的东西：排骨、鸡块、鱼……然后钻进厨房把这些一一做好，再每样盛一小碗给我吃，最后再把剩下的晾凉，分别装好放进冰箱，嘱咐我每顿吃的时候弄一些在微波炉里热一下就行了。而对于母亲这种习惯性的照顾，我也早已习以为常，"理所应当"的领受。由于工作的压力和一直未见分晓的结果让我越来越急躁、焦虑，也越来越厌烦母亲不停地唠叨，于是在上个星期，我们母子爆发了迄今为止最为严重的一次争吵。

4

母亲不顾我不耐烦地推阻，搬来新房子，要全方位照顾我的生活。我本就嫌她啰唆，又因新产品的研发方案又一直没通过，我每天要在公司加班到很晚。母亲抱怨了几次：“离家这么近，怎么连回家吃饭的工夫都没有呢？”后来母亲就说：“你拿回家来做还不是一样，这样咱们又能正常吃饭……”

对她苦心的唠叨，我投降了，答应回家做设计、改方案。而母亲却总是不能让我安静，一会儿来送水，一会儿来送水果，一会儿来夺我嘴中偷偷抽的香烟，一会儿又进来好像什么事儿也没有，就说一句：“你工作的事，我也不太懂，但没必要太玩命的。”

我终于耐不住厌烦怨怒地哀求道：“你别再进来了好不好，我在做正事呢。”母亲有些羞惭地退出去，把门轻轻掩上。世界终于清静了。我在电脑前一直持续工作到凌晨一点多，方案基本已经改好，就要收尾了。这时母亲又进来了：“儿子，来喝点鸡汤吧……”

“不喝了，你拿走吧。”我抬了一下左手，“哗”的一声，那碗满满的鸡汤全部浇在了我的笔记本电脑上。

电脑死机了。

我辛辛苦苦一晚上写出来的东西就这样断送了。瞬间崩溃的我，咆哮起来：“给你说过了，不要再进来打扰我，不要再进来打扰我，你没听懂吗？”

母亲像个吓坏的孩子，表情恐惧，慌乱拿起袖子擦我的电脑："就这点汤水，这电脑就坏了，不是好几千块钱买的么，这么不扛用……"母亲脸色难看，语无伦次。

母亲又搬回老房子去了。

母亲两个星期没"骚扰"（打电话）我，我也没有打电话给她。也许一次互相伤心的争吵是需要一段互不理睬的时间来解决的。

5

电脑修好了，文件丢了一大半，没办法，不管费多大力气，也得重新做完。设计方案还是如期交了，老板很满意，我终于轻松了，可是坐在新房子的沙发上却突然感觉莫名的孤独。

我想了想："妈有错吗？""妈没错。""我有错吗？""似乎也没错。"母亲只是多了点唠叨、有些啰唆，她其实一直都那样，她爱儿子的本能和方式从来不容商量。而我对这爱的理解只是太肤浅了。

母亲一直把我当成她的全世界，而我不过只把她当成我生活的一部分，只是在一味地躲清静、找理由，不让她打扰我。

我冷漠不屑，她伤心难过。这儿子做得实在不合格。

我拿起电话打给母亲说：“电脑修好了，稿子也找回来了。妈，我现在挺累的，吃泡面也吃得反胃了，我想吃你做的菜了……”

“那你想吃什么呀？”母亲急促促地问，我分明听到了她抑制不住的放松、欣然与欢喜。

我说了一个食材简单、做法也不麻烦的菜。母亲连连说好，马上就去菜市场买菜，叫我在家等着，很快就会赶过来。

我想我就得一直像个孩子似的主动请求她来爱我，她才会更幸福。因为我是她时刻放不下的心头肉，她是我犯了错，嬉皮笑脸叫一声“妈”，就全然不再计较的那个人。

祭母日

1

行走在小城的街上，一眼看到街口、路边摆满了黄、白各色的纸钱，知道这是中元节又要到了（农历七月十五），想到母亲，眼眶里的泪一下子就止不住流了下来……

这一路上，街边都是摆满的纸钱撞着眼，一路走、一路哭，到了家却不敢上楼……

母亲去世半年，肺癌晚期，从发现、确诊，到亡故不足五个月。我这个不孝儿，没为母亲争什么气，也没给母亲多少欢乐。他乡路，一走就是几十年；床前孝，却不足几日月。慈母万滴血，生我一条命，半生尽为我，未及报母恩。我应算个罪人。

母亲不做官、无买卖，就是个最平凡的农妇，一生都累在地上，忙在家里；母亲生在穷家，又嫁进一个穷家，受了一世苦，为了一辈子难，流了一生泪，生了半辈子气，也操了半生心。

苦日子过完了，母亲却老了。好日子开始了，母亲却走了。

这就是我苦命的母亲。儿的心就算撕成千片万片，也看不见母亲的笑；我知道，从你走的那一刻，这辈子，我这儿子已经做完了。从此后，我成了一个没妈的孩子，而下辈子做你儿子的福分，不知道我还有没有。

又怕，再做了你的儿子，还是让你受一辈子的累，操半辈子的心，我又何苦再去累你。

2

母亲生我那年，村里的日子刚刚解决温饱，所谓温饱，不过是一天三顿的玉米饼子、玉米粥。临产前，半夜里，母亲被一辆老牛车拉到十几里外的乡卫生院，一路大雪，娘忍着痛，挺到早上六点钟，生下了我。身子已虚弱得只剩下呼吸，母亲得到的营养与奖赏，就是一包红糖。

母亲说，是那包红糖救了她的命。

月子里，母亲没奶水，急得直骂自己。咬着牙，试了各种折腾人的“偏方”，都不见效果，母亲流着泪从包裹里翻出她唯一值钱的嫁妆，一只成色不怎么好的玉镯子，叫父亲卖给当时村里的教书先生，给我换了奶粉。那时候，没什么婴儿配方奶粉，乡下能买到的就只有一种，“草原牌”奶粉。

只是这玉镯子换来的奶粉，我也没吃到母亲出月子。乡下有“月子不出门”的风俗，可母亲没办法，着急！母亲包好头巾，用小棉被里三层、外三层裹着我，深一脚、浅一脚踩着雪路，走遍村子里有小孩子的人家，挨门挨户，为我求一口奶吃。而母亲对人家的回报，是回来后，为人家的孩子做大大小小的各种衣服、鞋帽。煤油灯下，母亲穿了多少针线，已无法计数，如若计算，我想也能是一个“长征”。

我长至五六个月大，食量增多，加之村里也没有几户有奶水可供再求，母亲只好用小米粥喂我。母亲说，头几日，我吃了吐，吐了吃，不肯下咽，急得“哇哇”哭红了脖子，母亲也哭，但她没办法，一声声央求，到最后狠心，不吃就饿着，饿透了，就没有什么不吃的了。

母亲的狠，也是因为疼，咽着愧疚的苦，还得挺着艰难的累。生儿、养儿，母亲愿什么都舍下。

好在，熬到一岁时，我已能像大人一样进食，长得倒也白白胖胖的。

母亲要下地干活，哄我睡着之后，在炕沿围了好几层被子，就把我锁在家里。但我醒了之后，还是爬着摔下了炕头。母亲在地里还是不放心，一路小跑到家看见摔得满脸是血，扒着门槛已哭得没劲儿的我，放声大哭，从那天后，她剪下半截口袋做了个背袋，背着我下地干活。

这一背，就背到两岁。一场急来的雨，把我和娘浇了个湿透，我发烧烧到抽搐起来，母亲吓坏了，急疯了。背着我到乡卫生院住院检查，半夜里，我醒了，跳下病床，光着小脚丫好奇地走到病房走廊里，拿起昏睡的值班大夫的听诊器玩，“啪”的一声掉在地上，惊醒了大夫，大夫把我抱回病房，母亲趴在床边睡着了，也许是有感应，母亲惊呼一声“雪生”（我的名字），猛地站起来，一眼看到医生怀里抱着的我，抢几步过去抱过我来，又笑了：“雪生好了、雪生好了，谢谢大夫、谢谢大夫，我们雪生没事了，是吧……”

这些我没“记事儿”前的事，是母亲临走前那几日忍着癌的剧痛折磨，精神恍恍惚惚之下一句、半句地念叨出来的。母亲啊！是你还舍不得儿，是你做儿的妈还没做够……

3

母亲这辈子很少跟我着急，印象中就急过两次。一次是我淘气，去邻居张奶奶家的房顶偷拿了人家晒的枣吃，娘知道了，第一次发火，用鞋底子在胡同里抽了我的屁股，打完我，向人家连连道歉后，就扯着我回家，一进家门，母亲就哭了。第二次，是我去邻村上完小（完全小学），下大雨，没回家，跑到同学家去住了一宿，不懂事的我，没让同村的人给母亲捎话儿回去。母亲冒着雨找到同学家来，跟我急了，一边哭、一边打，问我怎么这么野。那天我在同学家吃的腊肉饺子，但饱饱的肚子一下子全剩下委屈。

母亲着的这两回急，叫我以后有了两个记性：一不拿别人的东西，二到哪里都要给母亲个知信。

这两件事，母亲也记得，后来还跟我说过，她说，我不打你，将来在外面你就会叫别人打；母亲说，你去哪里，得叫娘心里有个底。

小时，我不懂这其中的深意，长大后，我分明地懂了：母亲打我，疼在她手，若被别人打，疼在母亲心；到哪里，要给母亲个知信，是母亲心里牵着一根线，她得知道线的那头有我，她心里才踏实。

母亲这辈子，一直在苦日子里过，难日子里滚，没个停闲，也没个欢喜，苦和累都把她的笑容给压没了。

我考上中专那年，要交几千元的学费，家里凑不齐，好多人也劝“也不是只有上学这一条路”。但母亲咬着牙把家里的耕牛卖了，说：“这学，得上。”说得不容争辩、不容阻拦。

至今，我都难以想象，在那还没有农机的年代，母亲是怎么把家里的十几亩地耕种过来的，不知跟人家谁家借了多少回耕牛，求了多少次人，又用什么还了人家的人情。

这事，母亲没说，一直没说。

4

6岁那年，父亲在镇上的电机厂干临时工，一次跟一个老乡喝了酒去上工，结果不小心被绞断了手。因为父亲违纪在先，厂里只象征性地给了点营养费，没给赔偿。从那以后，父亲终日唉声叹气，喝醉了就去厂里闹，闹也没个结果，还被派出所关了两回。事情没闹出个结果，父亲就在家喝酒，渐渐地养成了酗酒的毛病，喝多了，就撒酒疯，在村里得罪人，母亲跟着生没完的气，家无宁日。记忆中，母亲哭过不知多少次，也牵着我回过几次姥姥家，说这日子没法儿过了，但到最后，她也没离开过这个家半步。

中专毕业那年，好多同学被分到了机关、政府去工作，还有的去了市里有名气的企业。我被分到了一个濒临倒闭的小厂，工资都发不全。我陷入极度的悲苦中，回到家也没有笑容，母亲看在眼里，也几日没说话。一日，我和同学喝酒，喝醉了回家，吐得满地都是，母亲一边低头无声地为我收拾秽物，一边落泪……

到我第二天离开时，母亲说："怪娘没本事，只能靠你自个儿争气。酒别喝了，咱家已有一个酒疯子，再不能多一个酒疯子，你年轻，路还长，一辈子不能毁到一点小挫折、小委屈上……"

那次，我红了脸。

回到厂里，我狠下心，申请去新疆跑业务，因为可以多挣一点。我清醒地明白，以后，成家立业，以后的以后，都得靠自己……

人生总有不期的困境，也会有柳暗花明的转机。我待的这个小厂非但没有如预料中的倒闭，反倒因为在新疆开拓了业务，受到政府的支持，厂子起死回生，还渐渐愈发壮大起来。因为我是第一拨儿去新疆的人，厂里对我挺看重，我便长驻新疆了。

有了积蓄，娶妻生子，安定生活，我没花家里一分钱。结婚那天，在村里摆酒席，母亲穿上鲜亮的新衣，笑得满意、高兴。

然而人生充满着各种难以预料的不确定。后来，企业改制，我竟然成了第一批下岗工人，这对我犹如晴天霹雳的重创，不知为何，亦不知如何。

但事情来了，总要面对。下岗的事，我瞒了些日子，没跟母亲说，直到我和几个哥们儿集资在新疆开了一个小厂子，才告诉母亲，说："国家鼓励下岗创业。"

我们的这个小厂子由于经营不善，没撑过两年，就资不抵债，集资的几个哥们儿也分了行李散了伙。我又成了无业游民，只好四处跑些散活儿，养家糊口，聊以度日。

这些事儿，我没跟母亲说，我知道我也没法儿跟她说。我只让她知道，我在外面挣钱呢，到过年过节时能回来，这就足够了。

5

在外漂泊二十五年，挣下点辛苦钱，年龄大了，漂不动了，我生了回家的心，但回家总要给母亲一个安心的交代。

我把新疆的房子卖了，回到家乡的小城，贷款买了一套一百三十多平方米的房子，另外用剩下的钱开了一家五金店，安顿生活。我是办妥这一切之后，才给母亲一个知信。我只说，咱有自个儿的买卖了，城里也有家了，以后接你到城里住，不种地了。

母亲眼角一扬，没笑出来，但我分明知道那是她心里有了欣慰，儿子不再漂泊四方，有了安定的日子，回到了她的身边。

结果，房子装修好后，母亲只是来看了一眼，就走了，她说："你生意忙，我来了给你添乱，再说你这里我也住不惯，像个笼子，咱城里也没个亲戚，我来了闷得慌，还是在村里住着自在些……"

就这样，母亲没在我的新家里住过一夜。

6

后来，我不知母亲从哪个老乡那里得知我的房子是贷款买的，从那以后，她就不停地在房后的一块空地上种菜，我每次回家，都让我带回满满的一大袋，有时候还托人给我捎来，说："小日子，就得精打细算，能省一分是一分……"

生意渐渐转好，贷款还清了，车也买了。头一次开车回家，母亲高兴地在村街上我的车旁边站了半天。人们都说：老太太你有福了，儿子在城里有房住、有买卖、有车开，以后你坐着你儿子的车，想去哪里去哪里……

母亲只是笑，笑得有些努力、有些牵强，谦卑地说：“就是做个小生意，也不发什么大财，踏实日子吧……”

我知道，是我该尽孝的时候了。只是我所做到的孝心，只不过是抽空回家看看，买一两样家用，母亲还直说我不该花那冤枉钱。我不知道，母亲说的“冤枉”是要我节俭，要懂得算账过日子，还是她自己说的“我不用这什么、那什么名牌补品，吃五谷杂粮就行，我就是这个穷命，富贵东西我消受不了。”

但我清楚地知道，她的阻拦定是为我，而不是为她。

这就是我的母亲。

天下的母亲，无论权位、财富、贵贱尊卑，定也都是如此“妈妈给孩子的再多，也总觉得还有很多亏欠；儿子给妈妈的再少，也都说是孝心一片。”

可是母亲，我苦命的母亲！你却怎么偏偏没有多让我尽些微不足道的“孝心”呢？

母亲生我，万滴血；我养母亲，日不足。我苦命的母亲，你在临走前，神情已恍惚，但还是不放心地念着儿子早已忘记、或还没来得及知道的那些小事。我终于明白：我万般的小，在你那里都大于天，我就是你时刻不割不舍的心头肉……

哪怕你就要离开这个世界，无能为力，却还是不甘心。母亲最后努力地叫着："雪生啊……"我拼命地压抑着哭泣，泪落如雨。

慈母十月万滴血，历险生我一条命。百千日夜养儿难，半生受苦尽为我。罪儿不及报母恩，痛心浊泪洒满街……

妈妈，原谅我从来都不知道你这么爱我

1

小时候，我不止一次地问：我是怎么来的？你不知道怎么回答，我很失望。直到有一天，在街上我们遇到一个阿姨，阿姨的肚子鼓鼓的，阿姨微笑着捏我的脸蛋儿，你指了指阿姨的肚子说，看见了吧，你就是这么来的。我终于明白，原来我是你的一部分。

有一天，我看到一个小娃娃，他总是不停地哭，真让人烦，我问你："我小不点儿的时候是不是也这么招人烦？"你苦笑着说："嗯，跟他一模一样。"我有些羞意，脸红自己原来这么不懂事。可是我看见那个抱小娃娃的阿姨，我又问你："他这么哭，可他妈妈怎么还笑呀？"你愣了一下，没回答上来。在回家的路上，你牵着我的手跟我说了一句：“因为他是他妈妈的，所以他妈妈才会微笑。”

有一天，去姑妈家，我看见小弟弟在吃奶，不一会儿却拉了臭臭的粑粑，恶心坏了。我不相信地问你：“我也这样过吗？”你说：“嗯，跟他一模一样。”我跑开了，觉得自己很丢人。

我不知道，我曾经是个那么能吃的“小吃货”，吃了睡，睡了长，一切都要你来照顾、收拾。

一直长到有一天我能扶着你背站起来。你兴奋地笑着说：“宝宝你真厉害。”然后，我慢慢学会了走路，渐渐地满屋子撒欢儿。那时，你把家里所有桌子、柜子的角都用棉布包了起来。我常常捣乱地拆下来，我拆，你包；你包，我又拆；你又包……

我能满地跑了，可你出门的时候还是紧紧地把我抱在怀里。我常常想挣脱你的怀抱，想自己玩个开心。你在后面追着喊，喊着追。我偏不让你捉到，看见你焦急担心的样子，我咯咯地笑个不停。

我开始有了属于自己的饭碗，开心极了。可是我却常常弄得满桌子都是，比吃到嘴里的一点也不少。你一遍遍地教我用勺子、使筷子。我却常常不满意，为什么我的碗跟你们的碗不一样。你说：“你的碗是不锈钢的，不怕摔。”

我终于大到有了自己的小伙伴，朋友们一天比一天多。我喜欢跟他们在一起疯玩，没完没了地开心。一整天都不愿意待在家里，可是每到晚上，我不知道为什么还是那么希望能跟你一起睡。我是不是挺没出息的。

原来，没出息，也会是一件幸福的事。

2

我终于慢慢长大，有了自己的第一个书包。你说："宝宝，我们去上幼儿园了。"我开心地拽着你赶紧跑，可是到了幼儿园，我却傻了。你要离开的时候，我终于号啕大哭，死死地抱着你的腿。谁知道折腾了多少回，我终于投降，成了一名正式的幼儿园小班的宝宝。只是不管在幼儿园玩得有多开心，最开心的还是你来接我回家。

上小学，有种成就感，因为学校很大，我的书包换了新的，也很大，我又多了这么多的朋友。只是学了一上午或一下午，常常感到饿，盼着你能早一点来接我。在校门口，我嚷着要买闻着很香的小吃。你说："不卫生呀，吃了要拉肚子的。"我不服，我说："人家吃怎么没问题，我吃就有问题。"我噘着嘴磨蹭着不走，你终于妥协了，说："就这一次啊。"回到家，你做了一桌子丰盛的菜，我却吃不下多少了，你叹气。

渐渐地，我不知道怎么越来越烦你了，不愿意让你管着。我特别不希望你在家待着，剩下我一个人多好。我可以玩命地玩电脑，不吃饭也可以，你开始吼我，我不耐烦，其实也有点小伤心，我的母亲不可爱了。

有一次，考了一个很不好的成绩，我自己也觉得挺丢人的。把试卷藏起来，不想让你知道，可是终于还是被你发现了，你急了，扬起手要打我，只是手举到了半空，却没见落下来，你的表情很伤心。其实我也有点难过，但却装着无所谓。

父亲知道了我考得这么不好，恼火了，狠狠地打了我。你死死地阻拦，别打了，下次考好就行了。那一刻，我终于哭了，哭不是因为疼，是因为觉得：还是母亲好。

3

我渐渐地长得一天比一天快，一天比一天高，我长成小男子汉了。我自己上学，自己回家，我有了零花钱，可是我自己没计划，常常把兜里的钱花得光光的。直到挨饿、口渴的时候才重新想起你，心里想，下次该跟母亲多要点。

作业一天比一天多了，考试也一天比一天多了，我感觉好累。但是你也挺忙的，每天忙着不停地为我做各种我想吃的饭，催促我多吃，学习脑子累，得多吃才有精神。还不忘加一句：“得好好用功呀，考个好学校。”本来心情挺好的，你这一句话，顿时感觉头上像压了座山。

我有些厌倦了，我不想见任何人，包括你。我喜欢把自己关起来，只有我一个人的世界。我想学就学，不想学就不学，就算你在门外喊破了嗓子，我也毫不在乎，无动于衷。我只想一个人静静。母亲，你能不能不那么唠叨呢。

我终于完成了我该完成的，上了大学，尽管不是你们那么满意的学校。我终于也有了自己的工作，尽管挣的钱不是想象的那么多。外面的世界好大，我得好好闯一闯，一切的事我都会学着慢慢解决。可是你的电话还是常常打来，不分时候，不分地点，问我吃什么，穿什么，住哪儿。哎，我的母亲呀，我又不笨，我连吃饭、穿衣，睡觉都不会吗？你怎么还老是把我当个孩子。哎，没错，我就是你的孩子，就算我长到50岁，还照样是。

4

我一天比一天忙了，忙着工作，忙着挣钱，忙着生活。我也不知道为什么会这么忙，反正就是这么忙，大家都一样。我怎么能例外。有时也挺想回家的，但计划总赶不上变化，我给你寄点钱，你打电话来说，寄钱干什么，你妈又不缺钱。

直到有一天，我回到家，刚打开门，手机响了，看见你坐在电话旁，正认真地抱着话筒，我说："妈，别打了，到家了。"此刻我才明白，妈，你缺不缺钱花我不知道，你是缺一个能回来的我。

你做了满桌子的菜，都是我曾说过我喜欢吃的。吃着饭，你还跟我唠嗑，问这问那，不停地给我夹菜，好像我自己还不会吃饭一样。你说，最近常常梦见我小时候的事。我眼泪一下子就下来了，你的头发白了那么多，我怎么才看见。我转身跑去卫生间，不停地擦自己的红眼圈，我不想让你看见我这么没出息。其实，我好想说一句：老妈，我爱你。但我不知为什么没有勇气说出口。后来，等你送我出门的时候，我终于想明白了：我是怕我一旦说出口，你会哭。

妈妈，原谅我从来不知道你这么爱我。

不要你老得那么快

午后的阳光洒满了院子，母亲在窗前侍弄她的那些花，花不贵，都是些平凡的月季、小野菊、满天星等，但那是她安静而温暖的乐趣。

因为写作，我搬回老院子居住。因为这里安静，也有母亲，跟母亲一起住，舒适熨贴，母亲也高兴。只是她时常为我担心。

“累了就歇会儿。”

“妈，我不累。”

“什么不累？歇一会儿。”

我搪塞着“哦”了一声，一边抽着手里的烟，一边思考着那些可以表露心迹的句子，烟灰有时候也不觉地落到键盘上。母亲见催我不动，上来一边夺我的烟，一边还要按我电脑的开关。我这才做投降状讨饶，不情愿地起身。

母亲说：“活儿，不是一时能干完的，钱也不是一天能挣得够的。参天大树也不是一天就能长成。”

我惊愕，母亲这朴素的道理，竟胜过天下诸多冠冕堂皇的哲学。

母亲问：“今天中午吃什么馅儿？面已经和好了。”母亲最爱做的饭是包饺子，我最爱吃的，也是母亲包的饺子。

她一辈子也包不烦，我一辈子也吃不厌。

每次吃饺子，母亲总是见我第一碗还没吃完，就又端过来一碗：“吃，锅里还有呢。”

这就是母亲，她总是担心她的儿子吃不饱。我也终于明白，有那么一个人，你当了官，她高兴，你当不了，她也从不计较；你发了财，她自然开心，你依然贫穷，她也从未嫌弃。她仍像从前那样，想着为你节俭一点，替你分担了她所能尽力的一分一毫，而却还总是觉着亏欠于你。

她给的或许不是最好的，却永远都是全部，毫无保留。

这个人，就是母亲！她用单薄的小小身躯扛起了“母亲”这个伟大的角色，也扛起了艰难漫长的一生，操心儿女，牵挂悠长。

母亲也不是永远都微笑的。没错，母亲生过气，母亲骂过我，也打过我；她生气，是因为我调皮，不知礼数；她骂我，是因为我懒惰不长进；她打我，是因为我随波逐流，积了某种恶习。

直到最后，一切她都不在乎了，她只在乎我能好好地在她的世界，平安、健康。

人到中年，我也添了诸多白发，母亲看着总是叹息、心疼："你看你，怎么多了这么多白头发。"

对于苍老，我在她面前怎么有谈论、比较的资格。她对苍老，是有着多么深刻甚至曾经惧怕过领悟。但她却一直挺着，沉默不语。

我们在意一些生命中必要的仪式，生育、满月、周岁、成人、结婚，包括病老，不是我们强求要花多少钱，要多么隆重，只是我们需要那一份在意，来肯定我们的真诚。所以，爹娘儿女一场，也是世间盛大的修行。

尽管我们终有一天会分别，但我们总算是有这么一场丰盛的相遇，已是上天的眷顾与垂怜。我们直须叫时光慢一些，再慢一些，让我们彼此好好相待，不惧生离，也不畏死别。

世界庞大，生存残酷；人生漫长，诸多烦扰，我们生活在太多纷繁的内容里，我们逃不开累，逃不开烦，逃不开伤害，但我们努力守护我们所能拥有的那份温暖，也尽力争取内心小小的梦想，来填补这生活的平凡。在阳光铺满的日子，珍惜阳光；在没有阳光的日子里，怀念阳光，更要心怀阳光，努力地微笑。

在红尘路边，做一棵生生不息的小花，让你看我在春天发芽，在夏天吐绿，在秋天绽放，也在冬天沉默。

生活不是诗，但我愿诗意的顽强。也许，如此存在，就是献给世间最好的诗。

母亲见了我的白发，悄然而落的叹息，我知道那是她希望我一直健康、年轻，还是她可爱的孩子。而望着母亲那满头的白发银雪，我在心里默念了下一句：我也不愿你老得那么快……

不愿意！

今生今世

乡下的家已变成一座安静的院子。

高大的门楼依然高大，不减雄伟。只是青砖的颜色，愈看、愈看出老来，每一块都扑满了岁月的沧桑。门前的石墩，被儿时的我爬上爬下，磨得光亮，原来英姿雄发的一对小狮子，结果被我弄成“秃顶”了。那时，我常常问：“它们什么时候能真的会跑呀，我要骑着它们去北京。”那时候理解的，世界最远的地方只有一个，那就是北京。母亲常说：“等你长大了就行了，长大就行了。”

我所了解的远方，在不停长大的日子里越来越多，也渐渐地逐一与我接壤；而母亲说的长大，是儿子离他越来越远的身影，还有牵挂。

到最后，我的远方不只有北京，而是到了更远的世界。而陪伴母亲的，只剩下门前那对曾被我的裤腿磨得光亮的小狮子。

去年贴的春联还在，只是有些残缺，独剩下门楣上的一个横批：春回大地。

春回来了，母亲却走了。

正月二十六，是母亲离开的日子，与我们作了最后的告别。病弱的母亲没有更多的嘱咐，只留下一句认真的交待："丧事少花钱，你们以后都好好过。"

一时间，我们一个个都泪雨滂沱，感觉头顶上的天一下子陷落了；刚做了妈妈三个月不到的小妹，控制不住，号啕大哭……

一辈子不容易的母亲到最后还想着为我们节俭，放不下每一个：有出息的、没出息的，让她生过气的、让她上过火的，都还依然疼在她的心尖上，没冷落过任何一个。说她没偏疼，是不客观的，日子过得富足一点的，她言语上多几句嘱咐；日子过得艰难的，她攒下的那些不多的钱都作了他们的"救济"，她用这种最朴实的方式，找着她内心那份爱的平衡，不想委屈任何一个。

她早就看透了生死，几年前她还常说："老了，不中用了，多活几年，也是白给你们添麻烦，不如早走得好。"我们都

“呸、呸、呸！”阻止她这不吉利的话。她苦笑着不语，转身又去忙里忙外。

但“看得透”和“断舍离”，之于“母子血缘”从来都不是“因为……所以……”的必然因果。

到最后她那一句“你们都好好的过”，依然是舍不得、依然是不甘心，不是不甘心她自己，而是不甘心“不能再继续爱她的儿女了”。

都说“人生一世，草木一秋”，然而这母与子的今生今世，是一场多么浩大的修行，也是一份多么不可替代的珍贵，从她与命相争，生下你的那一刻，从她喂你第一口奶，从她夜夜强撑着无力的眼皮，抱你，哄你，怕你多一声啼哭；从她洗了你一片又一片尿布，从她被你不小心掉到床下的惊吓，责骂自己失职，心疼地掉泪；从你发烧，滚烫的身体让她心急如焚，抱着你四处问药求医；从她看着你会爬了、会站了，“咯咯”如银铃般的笑声，幸福了她的全世界。

从你调皮捣蛋，满世界跑得无踪无影，她气急地打你的屁股，那是生气呀，但更多的是担心，不想你有任何的闪失，不想你受任何哪怕一点的伤害。你完完整整是她的，为了这份完整，她愿意与全世界抵抗。

你渐渐长大了，懂礼貌，有知识，知冷暖了；吃苹果的时候，知道给母亲洗一个，知道说："妈，你累了吧，我帮你捶捶背。"她包饺子的时候你跑过去说一句："妈，我帮你包饺子吧。"结果弄得满身是面，菜馅儿都在外面露着，被她催赶："快别跟着瞎掺和了，一边儿玩儿去吧。"

她终于获得那份欣慰的满足。而其实，她也从未强求。

她希望你在学校里求知上进，考个好成绩；她希望你能寻朋交友，多一份广阔的世界，希望你能走得更高、更远。不管你做的是不是满分，甚至及不及格，那只是一个结果。而不管什么样的结果，她都为那个结果操碎了心。

当某一天，你远行你更远的世界，她只剩下了那份牵挂与担心，盼着你的一切都能好好的。她比你更知道这个世界的残酷，也更担心这个世界会给你种种不如意。她就在这牵挂与担心里，一天比一天地老去。

老到她只剩下每天为你祈福。什么"儿孙自有儿孙福，痴心父母勿瞎忙。"不过是一句宽慰的话，而从来都不是推卸与抛弃。她从来都没想过，也从没推卸、抛弃过一点，哪怕半分半毫。

哪怕她终有一天会离开这个世界，她又是多么的不愿意离开这个世界，更确切地说是她不愿离开你们。

爹妈儿女的一生一世，今生今世，就是这样平凡而又万金不换的珍贵，也是上天给你们的最宝贵的相爱的唯一一次机会。唯有今生今世，好好相爱，生死离别，只是寻常不改的规律，而你们相爱的温度，一生一世、今生今世，生生世世，从未平常！

第二辑

他，常常是回到家默不作声的那个人，经常抽烟，偶尔醉酒。你，曾经很讨厌他，甚至憎恨他，你叛逆伤害的第一个人也是他。直到有一天，你也做了父亲，终于明白：他，其实是一座山，为你遮风挡雨，为你付出所有。

一碗热饺子

1

这是入冬以来的第一场雪。

雪花虽然不大，但却下得急如骤雨，扑得人睁不开眼睛。上午11点，环卫队长张保林正骑着电动车在庆丰路上找一个人。

张保林要找的人叫老周，是他队里的一个环卫工人。

厚厚的羽绒服上已落满了雪，张保林沿街一家挨一家地推开小饭馆的门。来找老周之前，张保林向人打听过了，老周平时就在这条街上吃午饭。可是现在都找了十几家饭馆了，还是没有找到老周，张保林有些泄气了，但今天必须把老周找到。因为局长说了“一个也不能少”。

局长说："老人们都不容易，每天凌晨四点多就上街打扫卫生，他们是这座城市醒得最早的劳动者，我不说他们是什么'城市的美容师'，我觉得他们就像是父母对待孩子一样对待这座城市，每天早早地为孩子洗脸、擦手，好让他们干干净净、利利索索地开始一天的新生活。"

局长说："我也不想唱什么高调儿，说他们为社会发挥什么余热，他们这个年龄了，出来做这份工作，应该都是各有各的难处或不易，他们也应该是这座城市里最不容易的人，就为这份不容易，今天这个大雪天，我们要请他们吃一顿饺子，吃一顿热热乎乎的饺子。"

老周，是队里唯一没有手机的老人，平时吃饭也不太爱往人堆儿里凑，总是独来独往一个人。张保林骑着电动车转过街道的另一面，又找了三四家之后，推开了一家名叫"曹式老豆腐"的小吃部的门，一眼就看见了老周。

2

老周正蜷缩在那间脏乱、狭窄小屋的一角低头捧着一只大碗"吸溜吸溜"地喝着什么。

张保林走过去喊道："老周。"

老周一个激灵站起来，表情还有些惊恐："张……队长，您怎么来了？"

"走、走、走，别吃了，今天队里管饭，局长安排的，请大伙儿吃饺子。"

老周愣在那里，还是一脸的惊恐疑惑，好像张队长说的不是真的，而是在跟他开玩笑。

张保林急了："怎么？你还不信呀？你看，我这大雪天的，都找你好几圈了，我像跟你开玩笑吗？"

"我这……我这都快吃饱了，要不我不去了吧。"老周像个孩子似的一脸的羞怯。

"不去，那可不行。局长说了'一个也不能少'。你要不去，就算我没完成工作，我完不成工作，局长肯定要批评我的。赶紧跟我走吧，再说，你吃的什么呀，有饺子好吃？"张保林话说到这儿，卡壳了，因为他低头瞅了一眼，只见桌子上摆着的就是半碗"豆腐汤"。什么是"豆腐汤"呢？就是做"老豆腐"的锅里的汤水，只有些零零星星地"豆腐末儿"。

张保林不禁心里一酸。

这时，饭店的老板娘过来了，堆起满面的笑容打招呼道：

“哟，老周，你领导来了呀，请你去吃饺子呀，那还不赶紧去，也开开荤……”

老板娘说，这个老周最会过日子，每次来，连个三元钱一碗的老豆腐都舍不得吃，就要五毛钱的豆腐汤，然后自个带来三个馒头，抹上饭店里吃老豆腐用的辣椒佐料吃。

张保林拉着老周往外走，眼里竟有种热辣辣的感觉不断地涌动。张保林叫老周骑上三轮车，他还用毛线手套在老周三轮车的车座上抹了两把雪水，这种事，他以前没做过。

老周骑着三轮车靠着路边走，张保林在一旁跟着。

3

回到队里，吃饺子的老人们基本都吃饱了，陆续往外走，有的跟老周打趣：“快点、快点，老周，局长交待，还给你留着饺子呢！不赖，两样馅儿，猪肉大葱、韭菜鸡蛋……”

张保林把老周引到餐桌前：“老周，坐这儿，别动，我去盛饺子。”张保林扑了扑老周身上的雪，也扑了扑自己身上的雪，老周又害羞地站起来说：“我自己去盛就行，张队长，你就别麻烦了。”

“盛个饺子麻烦啥，老周你坐下。”张保林又把老周摁回到座位上。

张保林端过来两碗饺子说：“两样，一碗肉的，一碗素的，你吃哪个？要是你两样都想吃，先吃一碗，然后下一碗再吃别的。”

“都行，都行，我不忌口。”老周激动地说。

“吃呀，老周，别留肚儿，今天管够。”张保林催促道，但老周却把几大颗泪花子滴到了面前的那碗饺子里……

“咋了？老周，吃呀。你可别说被党的关怀感动得吃不下去了……”张保林跟老周开玩笑，但心里明白，老周肯定是想起什么生活的不易和伤心事了。

“谢谢，谢谢……”老周噙着泪花儿，一个一个地吃着饺子，张保林又不时地往老周碗里夹。“行了、行了，张队长，你别管我，你也吃，你也吃……”

张保林怕老周吃得不自在，谎说去个卫生间，然后在楼道里拿起电话，向队里的另外一个老人打听老周的情况。

“老周呀，哎，老周真是不容易，把老家的房子卖了，给儿子在市里买房交了个首付，结了婚，现在还帮儿子还贷款。老周一个月2160元钱，2000给儿子，自己就留160……”张保林听着听着，有点儿听不下去了。

电话那头儿还在继续，“老周的儿子也不容易，干保安，一个月也没多少钱。哎，都是不容易的人。不过，那小子挺孝顺的，前几天，说公司里发了件棉袄，给老周送来了，但老周没穿，又让儿子拿回去了……”

电话里继续说着什么，但张保林已经听不清了，眼泪一下子涌出了眼眶，因为他也想起了自己的老父亲，当年也为自己还过贷款。为了早一点帮他还清贷款，父亲在乡下一口气种了十五亩棉花，打农药、治虫子，结果中了毒，差点丢了命……

张保林强压着往外涌的眼泪，把脸擦了又擦，回到屋里，坐到老周身旁“叔！吃，吃饺子，吃……”

父亲，也许是家里那个最不爱说话的人，但他却常常在无声沉默的背后，用他宽厚的肩膀担负起沉甸甸的责任，直到苍老，还是坚持他所能给的全部，不放下、不躲避，只是希望你少一分辛苦，少一分忧虑，叫你的世界不无助、不悲伤、不失望。而他的苦尽甘来，只是想看着你能好好的，在他余生的全世界。

这世界，难得还有你

1

冬天，渐渐深了。走在街上，身体已明显感觉到冷，路两旁的树都像是睡着了，又或者是没睡，而是在心里安静地书写着曾经青葱繁华的年轮，抑或是花香满树时最美的时光。拥挤忙碌的人们依旧每日奔忙，为了生活、为了理想、为了那些爱的温度，为了更好地活出幸福的模样。

周宇也不例外。

一大早，周宇忙忙活活地做完早餐，收拾好房间，把小饭桌端到父亲的床前，用热毛巾给父亲擦了脸，用盐水叫父亲漱了口，围好餐巾，然后一小勺、一小勺把粥喂给父亲，父亲很配合，听话得像个孩子。

用计划好的时间，有节奏地忙完这一切，最后交待一句“爸，八点半，杨子哥会准时来的，中间有什么事，你叫杨子哥给我打电话”，然后匆忙从家里出来，骑上那辆黑色自行车，穿入街上的车流人潮中。

两个月前，父亲突然脑梗，好在抢救及时，并没有发生太严重的后果，只是手脚还有些不灵活，要慢慢恢复一段时间。出院后，父亲强烈要求住到社区的养老院去，不想给儿子造成太多负累与麻烦，但周宇还是坚持把父亲留在家里，说这样早晚都可以方便照顾，他工作的时间，就请了护工杨子，杨子是来自城乡接合部的一个朴实憨厚的大哥，周宇父亲住院时，医院的主治大夫推荐的，话不多，人很好。

从5岁时，周宇就开始了“他与父亲”的两人生活。母亲，只是记忆中一个突然从家里消失的、模糊的背影。那时候，父亲在一家木器厂做工，每天早出晚归，起早做饭，给他穿衣，洗脸，装书包，带水杯，然后一路急匆匆地骑着自行车送他去幼儿园。那时候父亲身上总是一股浓厚的木屑香味。

就这样，一日复一日，一年复一年，一路复一路，周宇从幼儿园到小学，从小学到中学，从中学到大学，终于长成为一个高高大大、帅气稳重、懂事的小伙子。

大学毕业时，周宇本是可以留在上海的，但他还是坚持回了家乡，回到父亲身边。因为父亲一辈子为他付出了太多，父亲木讷沉默，不爱说话，但却成百倍、成千倍地为他做了那么多“又当爹、又当妈”的事，却从未有过一句抱怨，也没有过一次恼怒的失态与发泄。父亲就那样一直沉默着、努力地做着他想努力为他做好的一切事。

父亲一辈子没有再娶，尽管有不少人介绍过合适的对象，但到最后，都以父亲的沉默结束。

2

父亲这一辈子没什么大作为，平凡如一切平凡的父亲，但父亲是一个很好的木工师傅，当年在厂里技术是最好的，后来厂子倒闭之后，父亲便一个人租了个厂房单干，父亲说那时他是想要努力做出一番成就的，他要给家里一份踏实美满的生活。

那是父亲毕生的梦想。

但是，做出一番成就，没有那么简单。父亲租厂房，进木料，招工人，花了太多的钱，亲戚朋友都借遍了，还把房子抵押给银行贷了款。父亲说过，人只要是有梦想，不管有多么大的压力，也是不怕的，也是能挺过去的，但一场意外的大火，把父亲的梦想烧成了灰烬。一时间，负债累累，那些日子，家里每天面对的就是各色各样的债主，从来不爱说话的父亲，那阵子把一辈子的好话都给人们说尽了，还给人家下跪了。母亲，那阵子好像也崩溃了，每天以泪洗面，不时地对父亲加以抱怨和指责："叫你别瞎折腾，你非瞎折腾……"到最后，母亲话都懒得说了。因为他们连住的地方也没了，房子被卖了，还了一部分债。他们不得不搬到社区一个废弃的仓库，母亲就是在那个时候走的，去省城打工了。这一走，就再也没有回来过。

以后的日子，就是父亲轮流去两家工厂打工，在一家木器厂做技术指导，在一家木器厂做计件的活儿，一家在城西，一家在城东。父亲骑着那辆大链盒的自行车，在两家工厂间往返奔波，严寒酷暑，风雨雾雪，一骑就是八年，应该够好几个"长征"了，那是父亲一个人的长征。就这样，债都一分不差地还清了，居住的房子也买了，儿子也长大了。

而父亲也一天一天地变老了。

现在，终于积劳成疾，病倒了。需要像个孩子一样被人照顾。

周宇现在忙的事情，也是在忙一个梦想。这个梦想也是父亲的梦想，他要帮父亲完成那个梦想。现在，他在三十里外的城郊开办了一家“实木家具厂”，生产明清仿古实木家具。也像父亲当年一样，有贷款，有抵押。他省下一切能省下的用度，他应该是这座城市，唯一不开车，骑自行车的老板。

3

然而两个月前，母亲的突然到来，让他有些猝不及防。母亲一身的雍容华贵，珠光宝气，却流下了一脸痛悔万分的眼泪。但他却觉得，这一切与他无关。“妈妈”这个词，已在他的世界里完全陌生了。

母亲请求他原谅自己的过错，说现在愿意为他做一切事情，赎她的罪。

但他说“不用”。有恨吗？有吧，又好像没有，他只是本能地拒绝。

然而，母亲动用了一切关系和力量查到了周宇银行的贷款，她要一次性帮他还清；甚至还调查走访了他所有的客户，以额外的“好处”，要那些客户给周宇刚起步的厂子下大订单。周宇知道真相后，大发雷霆，他说他不会接受一个陌生人的“施舍”。

母亲一脸悲痛不止的眼泪，好像这个世界都可以原谅她，而唯一她的儿子不原谅她。她说：“小宇，如果你现在想要妈妈死，妈妈都愿意的，只要你别这么对妈妈行吗？妈妈是有错，但妈妈知错了，连菩萨都会原谅知错悔悟的人，你难道就不肯给妈妈一个机会吗……”

周宇说：“我做不了菩萨。我只能努力做一个让爸爸满意的儿子。你当初抛夫弃子，就应该想到有今天的结果。或者你再回来，就是多余的，我们的生活里已经不需要你了。”

母亲终于掩面哭泣，慌忙逃离，背影踉踉跄跄……

晚上，周宇喝了酒回到家，照旧一如往常地给父亲做饭、擦手、喂饭，父亲却一脸的怒容。

“你妈妈来找过我了，你不能这样，知道吗？其实，这也不完全是她的错，也怪我当初太急功近利，我不仅没能给她和你更好的生活，反倒让你们遭受了一场巨大的灾难，这是一个男人的失败。你妈是女人，说到底，心理都是脆弱的，一切不该她扛的，都不能让她来扛，她也无力扛。不管她当初做得多么不对，但现在她也知道自己错了，或者，她这些年也过得不如意，每时每刻都被痛悔折磨。毕竟，她没有忘记有你这么一个儿子。不管如何，再怎么样她都是你的妈妈。至少是她把你带到这个世界上来的，没有她，便没有你……”

周宇的眼泪终于哗哗地流了下来，而父亲的眼泪也一滴一滴，滴到了还一口没动的碗里……

4

“明天，叫你妈妈来家里吃顿饭吧，你不能光做爸爸一个人的儿子，那是不完整的儿子。我老了，你妈妈也老了，我们终有一天要离开这个世界，别让你妈妈留下遗憾，我更不想让你也留下遗憾，当然，也包括爸爸。”

这世界，难得还有你。只要还有你，一切都来得及。

周宇也不例外，第二天他骑着那辆黑色自行车去接妈妈回家吃饭。

霾散了，阳光铺满城市

1

我们总是希望世界的每一天都阳光明媚，也希望人生的每一步都春暖花开。然而世界没有我们想象的那么完美，人生也不是如我们期望般的风和日丽。总有一些不确定，总有一些不如意，像霾一样笼罩过我们的天空，也笼罩过我们的心灵。但总有一天，霾会散去，阳光会来，唯有在我们经历过后，才懂得，珍惜——才有温情，努力——必有结果。

周末，彩玲在家里忙忙活活地打扫卫生，5岁的儿子四下搬运操作着他的各类玩具，像孙猴子大闹天宫一样把家里折腾得天翻地覆。彩玲一边手脚不停地各屋收拾，一边对儿子说“能不能安静会儿”，门铃就是在这时候响的。

“鲁鲁，去开门。”彩玲心烦意乱地打发鲁鲁去开门。按照往常的规律，这个时候来敲门的是五楼的朵朵，和鲁鲁是一个幼儿园的同学。鲁鲁似乎也有了“生物钟”的反应，立马扔掉手里的玩具，一脸兴奋地屁颠儿屁颠儿地跑去开门。

可是，门开之后，玲彩没听到鲁鲁习惯性的欢呼，相反是出奇的安静。彩玲疑惑地抬起头，脸色一下子僵住。

在鲁鲁的大脑袋对面站着的那个人，一只手里拿着一串糖葫芦，另一只胳膊上挎着一个陈旧的竹篮子。

“鲁鲁，拿着吃。”那个低低的声音响起。鲁鲁愣怔怔地站在那里并没有及时作声，也不伸手接，只是回头看了彩玲一眼，然后对那个人说：“妈妈不让吃，说乱吃东西会长虫子，把肚皮咬破的。”彩玲对鲁鲁的零食一直控制得很严，因为他自小体弱多病，生病都把她生怕了。此时，眼见着门外站着的这个人，彩玲心里的厌烦也像雾霾一样升起来。

彩玲没招呼她进门，只是喝令鲁鲁道：“鲁鲁，关门。”

2

彩玲知道说不说“关门”都是一个结果，门外的人果真涨红着脸，趁鲁鲁抬手关门的那一刻动作敏捷地闪进门来，神态里透出惯常的小心与拘谨。

鲁鲁还没叫过她“姥姥”。彩玲没教过他，一个5岁的孩子，对一年只见几次面的人并没有什么深刻的印象，她是谁，没那么重要。

她轻手把那个竹篮子放到茶几上，依然是低低地声音说：“笨鸡蛋，营养好，市面上养鸡场里下的洋鸡蛋天天用自来水和激素喂出来的，吃着不香……”彩玲没接她的话茬儿，继续打扫卫生，随她的意，她想说什么就说什么，反正到最后还是那个每次来都一成不变的结果：借钱。

嗯，说“要钱”似乎更为确切。每次给她几百元，或者一千多了事，手里有多少算多少，反正彩玲不会特意为她再单去银行取。能给她，对她已是仁至义尽，又不欠她什么。

“彩玲，能不能……”她终于不再啰唆，把话语说到正题上来，彩玲也习惯性地转身去电视柜上拿钱包，反正里面有多少都给她就是了，赶紧打发她走人。

但彩玲却没听到身后的她像往常一样跟自己客气两句，反倒响起抽泣声。彩玲回头一看，她果然正用袖子拭着眼眶，眼圈红红的。彩玲的心一下子害怕地提了起来："坏了！看来她这回是要来大的了，肯定会狮子大开口，并且提前做好了准备，不满意，是不肯罢休的了。"彩玲暗自这样想着，眉头拧成了疙瘩。

只是当她把话说出来，彩玲那些恶俗的猜想落空了。

3

她一边哽咽、抽泣，一边苦苦哀求。只是哀求的事情不是借钱，而是要彩玲回去看看她爸爸。她说："你能不能回去看你爸一眼，劝他两句，叫他别折腾了，怎么也是这个结果了……"

彩玲没想到会同时听到两个震惊的消息：一是弟弟谷兵故意伤人进了看守所，以往他都是隔三岔五地进派出所，彩玲对此早已麻木，看来这回严重了。二是爸爸查出了肝癌，对此彩玲虽早有预料，天天酗酒成瘾的他得这病也合乎逻辑，彩玲只是没想到来得这么快，他还不到60岁。这两个重磅消息虽然没让彩玲心痛，但也有些手足无措，不知道该如何应对。

作为后妈的她，提的要求只是让彩玲回去看一眼，彩玲知道事情没有说的那么简单，做起来也没那么轻松。

对于弟弟谷兵，彩玲早已厌恶失望至极，他就是个不学无术的“二流子”，整天到处胡混瞎闹，惹是生非，找到彩玲家门上来就仨字：要钱花。一次，还因为少给了他，把彩玲老公给打了。

对于爸爸，从11岁那年，打了彩玲那一巴掌，彩玲就恨上他了，一直到现在，彩玲想自己这辈子都不肯原谅他。

4

9岁那年，母亲乳腺癌没扛过一年就走了，后来彩玲知道这种病如果治疗及时的话是不会死人的，究其原因，是爸爸没肯花那么多钱。于是，彩玲对他的恨更加深了一层。母亲去世半年之后，后妈站芹就进了家门，一个大爸爸5岁的丧偶女人，听说是丈夫出了车祸，赔给她二十万元钱。人们都说彩玲爸就是为那二十万元钱娶了这个又老又丑还不孕不育的女人。这让彩玲更瞧不起他。但出乎意料的是，她和彩玲爸结婚后竟然怀孕生了个儿子，这让彩玲爸得意了很久，觉得自己做了一场非常划算的买卖：人财两收。所以，他对意外之喜得来的这个儿子溺爱到有些“变态”。但这个弟弟给彩玲带来的却是无尽的苦恼和麻烦。站芹和彩玲爸都在城郊区的一家胶轮厂上班，两个人轮休。看孩子的任务常常落到彩玲身上。那天，是星期日，站芹带着弟弟在楼下玩，彩玲也在楼下和小伙伴们一起玩，站芹接到彩玲爸的电话，说一个工友晚上来家里喝酒，要站芹包饺子。站芹就喊彩玲照看弟弟一会儿，但正和小伙伴们玩得高兴的彩玲哪里情愿，但还是不敢推辞，因为爸爸知道了，肯定会揍她。彩玲只好从站芹手里接过孩子。可是，站芹上了楼后，彩玲没能忍住小伙伴们玩得分外开心的羡慕，很快又加入了他们。两岁的谷兵也跟在彩玲后面像个跟屁虫似的跑着，彩玲他们玩的是“老鼠偷油，猫捉老鼠”的游戏。玩一会儿就玩嗨了，也就疏忽了对弟弟的照看，结果他一不小心摔倒在地上，满嘴流着血，哇哇大哭起来。彩玲当时也吓坏了，不知所措。这时，爸爸和来家里喝酒的工友下班回来，正撞上这一幕，看着哇哇大哭，满嘴是血的弟弟，他暴跳如雷，扯过彩玲就是一巴掌重重地打到脸上：“叫你看孩子的，你怎么看的？”还继续叫骂着抬脚要踹彩玲，幸亏有那个工友叔叔拦着，扯着他赶紧去给弟弟看伤。彩玲爸抱着弟弟吼了她一句：“晚上再收拾你。”叫嚣着离去。

闯下这个大祸的彩玲，吓坏了，再加上那火辣辣的一巴掌，彩玲心里委屈极了，也害怕极了，跑了。

因为那句极为恐怖的恐吓“晚上再收拾你”，彩玲不敢回家，可是又能上哪儿去呢？最后只好偷偷地躲藏到小区后面的一座烂尾楼里，像一只受伤无助的小猫，蜷缩在背风的角落里。彩玲越想越难过，越想越恨，真想一下子就长大，早早离开这个家，再也不回来。想着想着，彩玲想起了妈妈，失声痛哭，却又不得不强压着声音，战栗的哽咽，在这哽咽里彩玲想了很多很多，都是一个主题：自己怎么才能完全地独立起来，早一点离开这个家……

5

缩在墙角，半夜被冻醒的时候，周围太寂静，彩玲又冷又怕地抱紧身子。突然一只黑影从窗户里穿过，吓得她一个激灵，直到听见那一声怪叫，她才明白，那是一只流浪的野猫。这时彩玲捂着胸口的手突然感觉碰到了什么，她又用力紧握了一下那两片坚硬的东西，心里不禁一喜。

那是两把钥匙，家里的钥匙，然而又转而失望下去，就算自己有家里的钥匙，哪里敢回去呢？彩玲突然又一想，还有另外的办法，于是，拿着其中一把钥匙躲到了单元楼下的储藏室里。彩玲心里安静多了，也温暖多了。

没过多久，彩玲听到有人在储藏室前经过并说着话，听声音说话的是站芹：“要不咱报警吧，把孩子丢了可不是闹着玩的事，万一再出点什么事……”听到这句，彩玲心里竟然有些莫名的感激，他们这是出去找我了。可是紧接着听到的话却又一下子把彩玲彻底打到黑暗冰冷的深渊，那是爸爸的声音：“死到外面更好，我还省心了呢，整天就知道瞎玩，学习在班里倒数，还不够给我丢人的。这回又把小兵的嘴唇弄残疾了，还要她干吗……”

彩玲一下子绝望了，又突然地有那么一点羞愧，自己真是把弟弟害得不轻，看来他们是不会饶过她的了。彩玲又一下哭起来，泪水满了脸：“妈妈呀！你要是还在多好呀。妈妈，你为什么扔下我不管了呢……”

“还是再四处找找看吧，我真怕出什么事。”彩玲听到站芹继续的恳求声。“不找了，她不定是躲到哪个地方去了，明天一大早没准儿就回来了，她还是要上学的吧。”这是彩玲爸爸不耐烦的声音。

第二天一大早，彩玲被一声喝令惊醒：“你个兔崽子，你躲在这里干吗，有本事你跑呀……”爸爸上来扯住彩玲又要揍，站芹连忙从后面冲过来拉住他：“人找着就好了，别再折腾啦，你还嫌不够乱吗？”站芹推推搡搡地把气急败坏的爸爸推走，让他赶紧去上班，然后拉彩玲起来，把书包塞给她说：“别怕，过两天你爸气消了就没事了。小兵还在上面躺着呢？你自己买点吃的，上学去吧。”说着从兜里掏出五元钱塞到彩玲手里。

这成了彩玲这辈子对站芹唯一的感激。

6

从那天开始，彩玲变成了一个在家里不说话的孩子，不管他们怎么支使她，叫她干什么，她就干什么，从不反抗，也不言语。站芹从厂子里辞了工，专心照看谷兵。谷兵的伤好了以后，嘴唇留下了一个明显的疤，站芹偶尔叹气，但谷兵一个两三岁的孩子对此毫无感知，还是像往常一样来缠彩玲，彩玲就任他淘、任他闹，有时候把鼻涕蹭到彩玲衣服上，有时抱着彩玲的腿打转，央求彩玲陪他玩，她都麻木地领受。大概这样久了，他也觉得无趣，便不再来骚扰彩玲。而彩玲在内心里狠狠地发着倔强的蛮劲儿，狠狠地学习，想着赶快逃离这个家。她觉得自己也只剩下这唯一的出路了。

直到小学毕业，彩玲考进全县最好的初中时，他们都不相信这是真的。拿到通知书的那天，彩玲揣着妈妈的照片，跑到那所住宿初中的学校门口痛哭出声，终于可以离开那个家了。

有了这么一个给他们增光的有出息的闺女，他们没理由不供。彩玲一路考到大学，毕业报考公务员，进了市区一家机关单位工作，恋爱，结婚。结婚的时候彩玲没要他们一分钱的陪嫁。其实那时候，彩玲已隐隐地感觉到爸爸言语神态之间透露出的愧疚与恳求，叹气彩玲为什么一直不放下对他的“仇恨”。

但彩玲真的还是不能原谅。

7

结婚后，彩玲就很少再回那个家了。只在每年的清明回家给妈妈上坟，过春节的时候回家做做样子给邻居们看。如果不是这些，彩玲真不想再和他们有什么瓜葛，彩玲有了自己比较满意的生活，有了可以说“不”的资本和底气。

彩玲也很少带儿子鲁鲁回去，偶尔没办法带他回去，也不教鲁鲁喊他们“姥爷、姥姥”。他们似乎也知趣地不主动哄鲁鲁喊他们，他们小心地保持着他们作为长辈的最后一点尊严，希望彩玲给他们个台阶下。但彩玲觉得自己无能为力，给不了这个台阶。

其时，这个家里唯一让他们操心受累、担惊受怕的便是弟弟谷兵了。谷兵只上到初二就辍学了，整天上网、打架，还赌钱，让他们不省心，又无可奈何，他们一贯的溺爱、放纵让他彻底废了。谷兵21岁那年，他们拿出所有的积蓄，可能包括当初站芹那二十万，在县城给他买了套房子，找人介绍了个对象帮他结了婚。本想着以此来收收他的心，让他好好过日子，但结婚不到一年，就离了，原因是谷兵有了外遇，是一个开化妆品店的有夫之妇，事情闹得满城风雨。谷兵差点叫那家的男人打残一条腿，到最后，赔了十万元钱了事。就这样弟媳向法院起诉跟谷兵离了婚，房子分掉一半，再加上那十万元钱的赔偿，那座房子就彻底卖掉抵清了。而之后，谷兵还不接受教训，整天跟着一帮在各个楼盘强行上料装修的混子们混吃喝，没钱了就回家要，到最后要到彩玲这里来，理由是他嘴上的伤疤是彩玲的罪过造成的。彩玲懒得跟他争论，每次甩给他几百或者上千，叫他走人，省心。可有一次，他竟然要一万元钱，彩玲老公跟他急了，他就动手打了彩玲老公。彩玲忍无可忍地恼火了，从厨房里拎出菜刀要和他“今天有你没我，有我没你”地拼命，他才吓怕了仓皇逃走，从此再没敢登过彩玲家的门。

但之后，又换了站芹上门来“借钱花”。

8

彩玲每次也只好像打发要饭的一样打发她，知道他们混得也确实够难，厂子5年前就倒闭了，他们年龄也大了，没人再愿意雇用他们。爸爸去了一个驾校看大门，站芹每天推着个三轮车在街头卖青菜。

但今天，她来，还有带来的这两个消息，还是给彩玲一些震惊，弟弟谷兵故意伤人致重伤，听说还在医院里昏迷不醒，可能会成为植物人，这样的结果谷兵要被判刑坐牢看来是肯定的了，至于赔偿，站芹说房子已经找着了合适的买家。而爸爸半个月前，突然在驾校的门卫室里病倒，被人送到医院，一番检查被确认为肝癌。站芹说："他现在就是闹，说不看，也没钱看，就坐着等死。你知道这病到最后都是被折腾死的，现在他常常疼得寻死觅活，好几次都买了老鼠药了，幸亏我看得紧。我知道这病没得治，迟早都要死，但总不能看他偷吃老鼠药横死了吧？我也没求你去给他治病，这病治也是白扔钱，我只是叫你回去劝他两句，咱能挺到哪一步，算哪一步。他好歹是你亲爸爸……"说到这里，站芹又抬起袖子拭起大颗大颗掉着的眼泪。

在一旁的鲁鲁完全被这场景吓蒙了，他还不能判断和理解这些，只是看着眼前这个基本陌生又有些熟悉的老人伤心难过的样子，有些恐慌，突然地转身跑到冰箱那里，拿出一盒酸奶跑回来递到站芹面前，怯怯地说："你别老哭了，喝酸奶吧。"站芹愣了一下，"哇"的一声大哭出来："鲁鲁呀，好鲁鲁……"一下子紧紧地抱住了鲁鲁。

彩玲的眼圈竟然也不知怎么一下子胀得生疼，有些慌乱，强忍了忍，过去把鲁鲁和她分开，说了句：“我收拾一下，跟你回去一趟。”

彩玲开了车，载着他们一老一小回了家。

爸爸脸色暗黑，头发又乱又长，胡子也是满脸杂草一般，像个流浪的乞丐窝在沙发里，沙发前的茶几上摆着半瓶廉价的白酒，堆着一把花生米。彩玲说了句：“都这样了，还喝呀。”

彩玲没想到，说这句话的时候心里是疼的，眼泪也猛地冲上来，强忍着在眼眶里打转。爸爸抬头看见彩玲红肿着眼的样子，满是花白胡茬的嘴唇激烈地抖动着，一下子放声大哭……

“妮儿呀，你爸这是遭报应了，该着的、该着的……当初是我糊涂，你恨我没什么错、没错，我也快死的人了，我这就要找你妈去了……”

彩玲终于也没能忍住，抽动着嘴唇，大滴大滴的泪一颗接着一颗烫着脸。鲁鲁也吓坏了，不知发生了什么“哇”的一声大哭起来，站芹连忙劝道：“都别哭了，吓着孩子了……”

9

市二院的病房里，爸爸穿着病号服躺在病床上，彩玲知道他身体这时候挺疼的，但他脸上的表情却是强忍的平静与轻松，站芹也一样。鲁鲁一个人在窗户口玩着汽车玩具。大夫来叫，彩玲出去了，跟大夫商量：“我爸这情况，还能做手术吗？”

大夫说就算做，恐怕意义也不大了，保守治疗一下吧，能挺多久算多久，尽量让老人别有什么压力，多宽宽心吧。彩玲黯然，心里像装进了一块千金重的大石头，满了整个胸腔，有些透不过气来。

这时候，鲁鲁跑过来嚷着：“妈妈，车没电了，你去给我买电池、买电池。”大夫伸手捏了鲁鲁的小脸蛋一把：“小家伙真可爱。你叫什么名字呀，你告诉我，阿姨这里有电池给你。”

“我叫鲁鲁呀，无敌大战神鲁鲁。阿姨你好，我告诉你了，你把电池给我吧。”鲁鲁一听说有电池给他，乖萌地自报家门。大夫苦笑：“你这小家伙真是嘴甜又鬼精哟，好吧，你等着。”说着从抽屉里拿出一板电池交给鲁鲁。鲁鲁开心得像只小鸟一样欢呼起来，大夫扯过他的小手说：“来，阿姨帮你装上。无敌大战神鲁鲁，你姥爷现在生病了，你告诉他要勇敢哟，像无敌大战神鲁鲁一样勇敢……”

鲁鲁仰着大脑袋似懂非懂地看着大夫，待电池装好后，拿着汽车就往病房跑。

“喂！原来你叫姥爷呀？医生阿姨说了，你生病了，要勇敢，不要害怕。”鲁鲁拿着手里的玩具汽车，像是在颁布领导的命令。只见爸爸尴尬地一笑：“嗯，我是叫姥爷，我听你的。还有那个，她叫姥姥。”爸爸抬手指了一下站芹，站芹尴尬地一笑。

彩玲却更尴尬地羞红了脸，忙转身往窗外看去。

远处的楼群里，雾霾正渐渐散去，透出天空的一丝底蓝……

爱，有时疏忽，有时远离，但从未放下，人生不易，余生太短，好好在意那份不完美的拥有，也许才是对人，对己，对爱，最好的交代。

你总有一天会疼的

1

最深的疼，往往不是自己有多艰难、多痛苦，而是心里最在意的那个人，他有什么难处或者不好，都叫你万箭穿心。

十年前的那个玩疯了的暑假过后，我独自一人背着铺盖卷到那所远离市区的二中报到，却被门岗的保安拦住，不让进门。

原因是我一身的酒气。

我像受了极大的羞辱，涨紫了脸跟保安叫嚣："我没喝酒……"吵闹的结果是学生处的领导和我的新生班主任老师到场。经过一番鉴别确认，我的确是没有喝酒，而是洒透了半条裤子的酒所致。

这一切都缘于我临出门前和我那个酒鬼爸爸近乎挑衅般激烈的争吵。

一直以来，在我的眼里，他根本就不是爸爸，因为他不配。

2

在我7岁之前，我一直是跟着奶奶长大，对于爸爸、妈妈的概念就是每年过年时，他们突然的到来和塞给我一大堆花花绿绿的衣服、零食、玩具以及唐突热情地亲热、搂抱，而我则是本能地惊慌和拒绝。奶奶后来给我的解释和我所了解的真相是：他们生下我三个月就弃我而去了。

他们要到城里去打工，不管事实究竟如何，他们的立场和决定表明了：城里的钱应该比乡下好挣，也挣得多，待在乡下是没有出头之日的。

这个理由是客观且充分的，因为村里的年轻人多是如此。

他们只不过比别人更坚决一点，更狠心一些，能扔下只有三个月的我，让奶奶冲着几十元一袋的奶粉把我养大。

7岁时，他们突然地来接我，说要带我到城里去上学，就像当初突然决绝地扔下我一样。对于这样的突然，我没有任何概念，奶奶的表情看上去很欣慰，也很高兴，但他们牵着我去坐那趟经过村边的城乡客运公交时，奶奶还是几步跑上前来，往我衣兜里塞了一把她自己用铁锅炒的花生，帮我拉了拉新得有些扎眼的学生服的拉链，而我只是麻木地像个被牵走的小羔羊，听任摆布，无奈无措。但当我看到奶奶一下子红透了的眼里滚出泪花的时候，我竟也慌张害怕地哭了，挣扎着抱紧了奶奶的腿，扔掉背上印着“米老鼠”图案的书包不肯跟他们走了……

3

奶奶只是不停地哭着使劲儿哄我，说：“城里好着呢，城里好着呢，傻娃，你还没去，等你去了就不想回来了……”

坐了汽车，又坐了火车，一路上陌生、新奇不断，我倒慢慢把那份本能的害怕与不舍渐渐抛之于脑后了。他们只是不停地塞给我零食吃，给我饮料喝。

下了火车，穿过迷宫般的通道，我们又坐带篷子的三轮车，他们一路上指指点点地向我介绍风景。而这一切对当时的我来说，除了满眼的高楼还是高楼，蚂蚁般爬行的车流与人潮，我们就像是被淹没了一样。

迷迷糊糊地跟他们一路穿过眼都不够用的“繁华”，竟然一下子又来到一处荒凉、破败得像垃圾场一样地方。我一下子失望了。

这里简直比村子里的房子还要破，后来我知道了那是待拆迁的“棚户区”。我就这样住进了一个铁架、木板、塑料混构的房子里。我哭闹着要回去，但妈妈哄我说：“不要急，用不了多久，我们的新房子就会建成了，到时候我们去住大高楼……”

后来我才知道，那时候他们已经交了一套小房子的首付。我被送进棚户区附近的一所小学，好在新学校还算新鲜、热闹。我一天比一天安分起来。只是我常常孤独。

因为，我一星期才能见妈妈一面，妈妈在一家离棚户区很远的私人幼儿园上班，为了多挣些钱，她一连六天都要日夜守在那里，据说那里面都是全托的孩子，妈妈是不准请假的。所以，我大多数的时间是跟爸爸在一起的，他送我上学，接我放学，给我做饭，也让我看动画片。爸爸在一个大高楼的物业处做电工，工作相对比较清闲，所以，有时间也方便照顾我。我渐渐习惯了新的生活，但这平静的生活，却在我到来不到一年的时间被爸爸的一场事故打破了。

4

爸爸因为醉酒后误接电线给那座大楼造成了火灾，虽然损失并不大，但十几万的赔偿还是让我们这个因为买房在贫困线上挣扎的家一下子轰然倒塌、倾家荡产了。妈妈在接连几天几夜的哭闹之后，不得不把那套在远郊交了首付的房子转卖他人，交付了公司要求的赔偿金。爸爸当然也被公司开除了。

爸爸那段日子，一句话也没有，只是不停地抽烟、喝酒，全然不顾妈妈的哭泣和叫骂，也不顾在一旁吓得麻木了的我。妈妈也嚷过“离婚，不过了”，要带走我。但爸爸瞪着通红的眼睛，喷着浓浓的酒气，一脸的凶相地吼着：“你敢带孩子走，我就弄死你，谁也别想痛快地活……”

妈妈本能地吓得不再吱声，只是搂紧了我躲在床角，一夜不放。

好在，几天之后，爸爸软着口气说：“事儿怎么也出了，我就不信过不去这火焰山。世界这么大，总有一条活路是给我们这些倒霉人的吧……”因为出过事故，业内没人再敢雇佣爸爸去做电工。而爸爸的活路，是他不知从哪里弄来一辆旧三轮车，一套旧煤炭炉子，几张折叠桌子，锅碗瓢盆，在街口摆起了小吃摊儿，卖馄饨小吃，再进点现成的烧饼、豆浆，自己做几样简单的小凉菜，搬几箱便宜的白酒、啤酒，供那些和他一样在这城市里务工的民工们廉价地吃喝。

他自己也常常喝得醉醺醺的，每每都是他把我从学校里接回来，就让我窝在路边的一张空桌子上写作业，他拈着几颗花生米，喝着五元一瓶的劣质白酒等着有一搭、没一搭的十几元钱的生意。他几乎不跟我说话，我不会的作业，试探着问过他几次，十回有八回他都给指导错了，到了学校还挨了老师的批评，后来我索性也不再理他。

母亲还是每星期回来一次，脸一直都那么苦苦的，已经很少笑了。我不知她是被什么冷冻了，还是麻木了。

5

爸爸的酒一天比一喝得凶，因为小吃摊的生意勉强够房租、水电、生活，还常常被城管抓、一次次地拖走他所有的家当，一开始，是他交罚款，重新把东西领回来，后来他干脆和城管打，已经被派出所拘留两三回了。

渐渐的，他成了那条街上“天不怕、地不怕”的无赖“盲流”，那些穿着没有编号制服的临时城管也懒得和他计较了。这倒让他可以赖着守着他的馄饨摊儿生活下去。而我则成了一个被斜视、被同学们羞辱的对象，像个“落水狗”一样被人讥笑、挖苦、追打。我只能本能地逃、躲、藏，像只流浪猫……

一切仿佛都在不正常的正常之中继续，但突然有一天，妈妈没有丝毫迹象地失踪了。

在我刚上小学二年级时。妈妈是在一个月都没回来之后，醉鬼爸爸才感觉到异常的，因为在这之前，妈妈也常有半个月回来一次的情况，理由是多想挣几个钱。这次爸爸带我去幼儿园找妈妈，园长说妈妈一个多月前就已经辞职了。

爸爸有些慌了，四处找人，找妈妈的同乡，同以往待过的所有地方的同事打听，都没有结果。

爸爸带我坐上火车，去了两千里外的一个山区，找我的姥姥。妈妈不是我们本乡的人，是爸爸进城打工后认识的，两个人谈了对象，然后结婚，生了我。各自的家乡相距三千多公里。

我和爸爸去的结果是，爸爸被姥爷、舅舅们狠揍了一顿，说：“向我们来要人，我们还要问你要人呢！”

爸爸吓坏了，要报警。姥爷这才阴着脸说：“别报了，二妮儿（我妈）就是不想跟你过了，人在哪里，你也别问了。你要是同意离婚，就给你见见人，不同意离婚，人你甭想见……”

爸爸终于明白是什么缘故，跪地苦苦求饶，骂自己混蛋，骂自己无能，说不看他的面，怎么也看看孩子的面。姥爷一家人冷冰冰地说：“别拿孩子说事儿，你要觉得行，就把孩子撂下，我们给你养，你要不撂，就带着孩子滚吧……”

姥爷一家的冷漠与决绝让爸爸没招儿可使了，他只好扯着我回返了。

爸爸甚至天真地想过，这是妈妈一时的气恼、一时的赌气，有孩子，她迟早是要回来的。

但结果是，妈妈再也没有回来过。

6

快过年的时候，爸爸又带我坐火车去姥爷家。竟意外地在姥爷老家的车站，撞见妈妈跟另外一个男人回乡。爸爸什么都明白了……

爸爸揍了那个男人，也打了妈妈，妈妈报了警。

结果是，派出所调解，姥爷家里来了一大帮人，还要揍我爸爸。

我妈坚决要离婚，我爸不同意，调解不成，最后我妈起诉离婚。

一个月后，我和爸爸又回到棚户区，他又继续支起了他的馄饨摊儿，除了招呼客人，他一句话也没有了，包括跟我。

但我永远记得离婚时，他指着妈妈的脸说的那句话："做娘做到这份儿，迟早要遭报应的。"

其实妈妈哭着说过"要孩子"，但姥爷一家人坚决不同意，说"要是个女娃你能要，小子，你死下这条心吧。要了迟早是麻烦。"

彼时，我是没觉得怎么难过的。因为，之前我跟我妈待在一起的时间加起来也没多少。相反，我更依赖我的奶奶。我说过要回家找奶奶，但爸爸吼了句"不回，回去丢人。"

我渐渐成了一个对一切麻木的孩子，但随着年龄的增长，我发现我的麻木之下压了越来越多的仇恨、抗拒和某种危险的冲动。这"危险"终于在初中二年级的时候爆发了。

7

我把一个经常在班里耀武扬威的胖子用砖头拍成了脑震荡。

我是被一个看工地的民工发现并送进医院的。因为我在这个工地上已经躲藏了三天，被冻得发了烧，警察也赶到了医院，那个“酒鬼”（和妈妈离婚后我就再没叫过他爸爸）也赶来了医院，扯起病床上的我想揍我，被警察拦了下来。

被我打的那个胖子的家长在医院里叫嚣，要“酒鬼”赔一百万。“酒鬼”看上去倒分外的安静了，苦笑着说：“赔肯定是要赔的，但你要我赔你一百万，那你把我的俩肾都挖了去卖了吧……”

胖子的家长气急败坏地不停地骂着“酒鬼”：无赖、混蛋、盲流……总之把这世上最难听的骂人的话都骂了一个遍，然后又强烈要求警察替他们主持公道。

事情拖了一个多月，胖子健康出院，警察主持公道的结果是：“酒鬼”交了一万两千元的医药费，另外给了胖子五千元钱营养费。还有一个结果是，我被“酒鬼”领回家后，他把我打了个“半死”，三天没爬起炕来。但我一滴眼泪也没掉，只是把嘴唇咬烂了。

“酒鬼”那两天也喝酒喝得胃出血进了医院输液、洗胃。住了三天院，他拔了针管回家又支摊儿去卖他的小吃，一声不吭。第二天，把我拖到学校，进了班主任老师的门，一下子就给班主任跪下了，说：“这混蛋管打、管骂，再惹一点儿事，我绝不再来求你……”

班主任老师被弄得手足无措，我则觉得被打了脸一样羞愧难当，觉得自己怎么有这么一个丢人的爹。班主任老师让“酒鬼”写下了保证，我若再惹任何事端，都与学校无关，并且一票否决，走人没商量。“酒鬼”唯唯诺诺地点头应是。从班主任老师那儿出来后瞪着眼喝我：“你要有种，你就争个脸，我没脸怎么也没脸了，你从现在就没脸了是不是早了点儿……”

那一刻，我真的觉得我真是没什么脸了，但“酒鬼”说的“你从现在就没脸了是不是早了点”还是让我心里起了某种狠劲儿。

从那天起，我在学校不说一句话，不惹任何人。胖子后来找人在放学的路上堵住我揍过我两回，但我一丁点儿手都没还，我只任他们揍，直到他们揍得连他们自己都害怕了，就干脆不再理会我了。

8

在学校里我成了一个无声的怪物，或者一个隐形的人，所有的人都不在我眼中，所有的人眼里也没有了我。

这反倒让我有了暗自的庆幸，我只跟书本打交道，我偷偷地咬着牙在心里快意地暗骂“这他娘的公式、单词、古文原来没想象中的那么难……”

谁也没想到，我这个“臭狗屎”在中考时竟然还考上了二中。其实，我考二中，不是因为它是重点中学，只是因为它在这座城市的另一头，是离棚户区最远的一所学校。我想走了，我想离开，我想离开折磨我的噩梦，确切地说是要离开“酒鬼”。

从此，与他再无瓜葛。除了，他暂时还要给我付生活费、书本费。

但我考上二中这件事，却像地震般地把“酒鬼”给震撼了，他不敢相信地向学校打电话确认，看我是不是在骗他。他得到确切的确认之后，把我拽到小摊的一张桌子上摁我坐下，像审犯人似的看了我老半天，然后骂了句：“娘的，还算是有种。”他拎过一瓶白酒，倒了一大杯，一饮而尽，脸一下子涨红，然后又给我倒了半杯，递到我面前喝道：“喝，仅此一次，我看你是个男人了。”

喝就喝，怕不成。我还真喝了下去，结果呛得食管都要炸了，他哈哈大笑，放肆地狂笑，突然又嘴唇抖动，眼里滚出泪来，像个傻瓜一样呜咽起来了……

然后，他拿起手机不停地打电话，把所有他认识的老乡、狐朋狗友都给叫来了，他要请他们喝酒、吃饭，席间就不停地重复一句话："我小子，他考上二中了，就像放卫星……"

我被每个喝得醉醺醺的人无聊地恭维，有人说我以后能考上清华、有人说能考上北大、有人说能考到美国去……

对此，我毫无感觉。

那顿饭，"酒鬼"花了一千多，他喝得烂醉如泥，人事不省。

开学前的暑假，他破天荒地带我回了老家，而在这之前，他一直对奶奶撒谎说"我妈把我带到了姥姥家过暑假、过年去了"。

九年没见我的奶奶只是搂了我，然后就是不停地哭。也知道了离婚的真相。

9

我在老家待了一个多月，才返回城里上学。但在去报到的那天上午，我和"酒鬼"发生了有生以来最激烈的一次争吵。

二中，是要住校的，这意味着每月回家一次，一年也就十次，至于暑假、寒假，我打算去打工挣生活费。我想尽早一点逃离我厌倦了、早已过够了的生活。我说："以后你除了再给我几年的生活费，我们路归路、桥归桥，各不相干。"

他不明所以地看着我："你想做什么、无法无天了，你不作能死呀，你到底要干吗，翅膀硬了是吗……"

我阴着脸说："我觉得有这样的家丢人，有你这样的爹丢人……"

"你、你……"他那句"混蛋"终于还是没骂出口来，只是气得涨紫了脸，只顾摸过酒瓶子一个劲儿猛往嘴里灌酒……

一瓶酒见底之后，他又起开一瓶白酒，费力地抖着他的嘴说："你就是真长了翅膀，长仨脑袋，我也是你爹……"

我说："你不配。"

话刚落地，我突然觉得身子被重重一击，那瓶刚起开的酒就洒了我半身，然后碎在我脚前……

我没有被吓到，而是从裤兜里摸出一把水果刀，然后迅速地在手臂上划了一刀狰狞地喝道："就按我说的办，要不这血就全流给你。"

他一下子被吓到了，慌忙地上来抓住我流血的手，无措地呜咽起来："你这是做什么了、做什么了……"

我被他拉去附近的诊所，做了简单的包扎。然后，我就拿着他早早预备好的那个装了三千元钱的信封来学校报到了。

高中新的生活，陌生的环境，让我多多少少有了一些轻松与安宁，因为没有人知道你来自哪里，也没人了解你的家境、出身，甚至以前的种种劣迹。我希望自己在这个新的环境里成长为一个新的自己。

10

我好好地包藏自己，不露形色。但一年下来，我还是有了莫名的孤独，这份孤独缘于我的相形见绌、捉襟见肘。

因为学校里有太多“二代”子弟，他们衣着光鲜、花钱大方、耀武扬威。而我长年穿着校服，打着公式化一成不变的“一日三餐”（最廉价的那种），我的钱必须精算到“角”花。我本能地沉默寡言，甚至和我的同桌以及宿舍的下铺都说不了几句话，我依旧是个沉默的“怪物”，男生们都不怎么跟我“厮混”，更没有哪个女生正眼瞧过我一眼。他们甚至怀疑过我“脑子有病”，我不得不接受主动“隐形”所致的被动“边缘化”，却也时常耐不住青春的莫名冲动与孤独……

渐渐地，我喜欢上一个新游戏。

11

因为白天有课，所以只能半夜翻墙出去上网。为了省出去网吧的费用，我唯一的办法就是从伙食费里一点点地挤，由最初的减少每次的食量，到后来只买饭，不买菜，再到最后的一天只吃两顿，有那么半个月，我一天只吃一顿饭。

高二的下学期，我不是被老师在黑网吧抓住的，而是网吧老板把电话打到了学校值班室。因为我晕倒在了键盘上……

据说，我是被120拉到附近医院的。“酒鬼”来了，不知所以，学校领导也来了，但只说了两个字：开除。

“酒鬼”蒙了，但这次他没有下跪。他只是礼貌地客气与请求，然后眼光不时扫着躺在病床上的我。长期营养不良导致的低血糖，已让我面黄肌瘦，双眼呆滞，看上去像个非洲难民。“酒鬼”不止一次担心地询问大夫我会不会就此废了？

好在大夫的回答没让他失望。

这次，他非但没有打我，竟连一句骂也没有。他只是从家里做好了饭菜，三餐准时地送来，有一句、无一句地说医院的菜又贵又不好吃，他还解释不必担心生意，因为他今年盘了一个小门面，还雇了一个打工仔帮工，好像他的生意做大了些，也正欣欣向荣、蒸蒸日上。而我全没心情理会这些，只是有一件事让我有些奇怪。

那就是，他身上突然没了“酒气”。葱油味倒比以前重了些，也难怪，从他那油渍麻花的裤子上就能看出来。

半个月后，我出院了。他跟我去学校宿舍收拾行李，学校开除我的决定没有改变，他也没有办法左右，他只是向班主任告别时说了句“让您费心了”，请求班主任给开一张转学证明。

我被送到一所民办的职业高中，报了数控机床专业。对这一切，我都无所谓，与我无关，由他去。

12

他的确是盘了一间门面，挂了个牌子“万喜饼店”，雇了一个农村辍学的孩子当伙计，烙葱油饼、各种馅饼、饼丝，也有几张零散的桌子，招待那些民工吃喝果腹、骂街解气……

他在铺子的后面隔出一个六平方米的格子，摆了一张上下铺的铁床，料定是他和那个伙计一块儿住。我苦笑着想，他把我转到职业高中，大概也只是为我寻个便宜的旅馆吧，这里住不下，况且他也早知道，我是断然不会和他住一起的。

送我进职业高中，他花了多少钱，我没心情过问，他只是每月都会准时送来五百元钱，有时叫门岗打电话给我让我来取，有时干脆就直接放在门岗。我也习惯，他也松心。

职业高中的文化课程对于在重点高中待过的我来说简直是“简单到傻子都会”，于是，我多半时间是待在实习车间跟那些机器较劲。师傅喜欢我的聪明，却讨厌我的寡言倔强。

一次同行类职校的技能比赛，让我出了点小风头，我拿了个冠军，得了三千元奖学金。他再送钱来的时候，我说：“这半年，你别来送钱了，我挣了。”他丈二和尚摸不着头脑地迷惑，门岗的老头儿笑嘻嘻地问他讨烟抽，说：“你家小子脑壳灵光，比赛拿了个头名呢。有三千元钱奖金……”

他眉头现出些惊喜来，忙应承地和门岗老头客套。临走时说了句：“这五百还是给你撂下吧，你别省着花，长个儿呢，要不买两件衣裳穿。”

我冷冷地回绝说：“不用。”

他面色黯然。门岗老头儿不知个中缘由地还夸我：“现在这样争气的小子不多了。”

他苦笑了一下，揣回那五百元钱走了。

暑假的时候，我没回家。师傅给我找了个厂子实习，管吃管住，还有六百元钱生活费。而我给师傅买了两条烟作为答谢。

我虽然认定要跟一个人死犟到底，但我觉得在外面油滑点还是有好处吃的。

毕业的时候，学校说有两条路可供选择：一是考对口的学校，有不错的专科，也有一般的本科。二是校方负责安排就业，进厂入企上班。由同学们自由选择。

13

我是想早早挣钱独立的，但学校却劝我考学，因为我的成绩好，不考有点可惜。其实我知道，他们也是为了那所谓“本校考上几个本科”的名额的名誉。他们理所应当地动员，我却抱守自己的决定。

我所认定的独立，除了生存，还有我那伤痕累累的尊严。

但就在填报志愿的那天，我意外地接到了医院的通知。

“酒鬼”病了。

胃癌晚期。已经恶化。他只剩下两个月的命。

他说，他两年前就知道自己得了这个病。他说，他认了。他说，这病治也是白糟蹋钱。他说，他这一辈子活得失败。他说，他这辈子唯一不失败的就是生了我。他说，他很愧疚，他不配当我的爹。他说，其实害人的不是酒，是倒了的人心，是灭了的念想……

他说，他明天就出院，把铺子卖了，回老家。

医院没有阻拦，只是象征性地开给他几针杜冷丁。

我坐火车送他回家，回老家。

奶奶知道了真相，伤心地哭了，直说命苦。

面对这一切，我不知怎么竟如此平静。直到那夜，他疼得厉害，断断续续地唠叨：他说从我去上高中那天跟我激烈地争吵之后，他再没喝过酒，不是不想喝，而是他不能喝了，我走之后，他就发病被邻居抬到了医院，得知自己得了胃癌。他说，他想过一死百了，但总又觉得有什么不甘心，想来想去，这不甘心，除了我，没别的理由。

14

他吃着药挨过了这两年多，玩命地干活儿，还盘了铺面，竟然也挣了些钱，他抖抖索索地摸出一个存折：“这上面有六万，你去考个大学，不够的你自己再想办法吧……”

听到这话，我一直死寂着的心像是被什么重重击了一下，竟然有种莫名的柔软泛上来，我强压抑着任它在心里冲撞、挣扎……

我还是没有一句话，因为我不知道说什么。

在他面前，我早已失掉了这个能力。

他说："你知道什么是最疼的吗？有人说是癌症这种疼，疼得死去活来，疼得好多人想自杀。但其实还有一种疼比这个更疼，那就是用伤害自己来伤害那个在意你的人。那天，你拿着刀子划自己的手臂，你割的不只是你自己，还有装在这儿的那颗心……"

他用手指指了指他的胸膛。

我有些惊讶，一向醉鬼骂街的他怎么突然把话说得这么文艺，还是从哪里套来的台词。但看着不像……

他说："你得好好活，别像我。"

我一直后悔，他那时的征兆，我没那么敏感地察觉到。因为，他当晚就走了。

喝老鼠药走的。

原来，他早有准备。

15

奶奶哭得死去活来了好几回，我按照村里操办丧事的程序，披麻戴孝，哭丧打幡，送他入土。但我却没有一滴眼泪。

没有。

奶奶说，把他的一切东西都烧了吧，免得以后看了伤心。

我一件件地收拾，一件件地烧。却无意间发现了他的一个小木箱子。奶奶说，当初他上初中时，暑假里用这个去卖过冰棍儿。

里面有一个旧军用书包，有他初中同学的几张合影，有几本被翻卷了页码的武侠小说，有他去城里当保安时照的照片，还有后来他培训电工时的几张工作照，还有一个蓝塑料皮的日记本，记着上学时的那些狗屁事儿，还夹着一封写给某个女生的蹩脚情书。再往后翻，便是一些账目了，给谁随了份子，进货、卖饭的流水账……

最后的几句，大概不知从哪本地摊儿上买来的盗版“心灵鸡汤”里写的一句话：人活着，应该好好懂得爱，不要轻易恨。他说，他下辈子还想再给我当回爹，绝对不能当成这辈子这样的。他要送我上最好的幼儿园；给我买喜欢的玩具；给我买套房子，娶上媳妇；帮我照看孩子……最后一句是：不再醉酒，不当让我丢人的爹。我突然地一阵心酸，一股苦涩泛上口来，嘴唇抖动，眼涨得一阵阵生疼……

天底下，没人愿意做一个不好的父母，尽管他真的做了那个不合格的人，但他从来都不是故意的，上帝也不会怀疑，只是结果不同。或许他用了全心，但只是努力到一个十分之一的结果，却用十分之九来责怪自己的失败，遗憾，而那颗心，我们还是应该给他满分。

爱，永远是回家最近的那条路

1

我是在一次下乡听课时遇见她的。

一个大学刚毕业不久，通过考试来到县里做特岗教师的女孩子。她面目清秀、文文静静，但引起我注意的不是她的容貌，也不是她的课堂。一个刚刚不做学生、初登讲台的老师的课，没那么多精彩，引起我注意的是她眉宇间那一抹忧郁的气质。

有着忧郁气质的人，内心肯定积淤着某种孤独，这个孤独可能来自某种不可避免的伤害或者无可选择的无奈与无助，这让我猜测她身上肯定有着与别的同龄孩子不同的故事。

2

听完课，在校长室评课的时候，我委婉地指出三位特岗教师的课应该改进的地方，并鼓励她们在平凡的岗位上做出不平凡的事来，虽然有些冠冕堂皇，当然这也是我们此行的目的，因为把几个刚毕业的大学生分配到全县最偏远的村子教书，我们有义务给些安慰和鼓励。交换意见的时候，其他两位女孩儿叽叽喳喳谈了很多，唯独她一言不发，只是低头不停地在本子上写着什么。最后，我让她也谈谈她的想法时，她只是小声地说了句："老师，您说得很好，我都记本子上了，以后慢慢改进。"说罢便低下头不再吭声，场面一下子进入尴尬中。

一直在一旁察言观色的校长见冷了场，忙客套地打圆场："晓菲，你再多说点儿，说说自己的想法儿，没关系的，教育局的领导难得来一次，这正是我们好好学习提升自我的机会，你和王老师多交流几句……"

可是她还是不再吭声，说一会儿还有课，就起身走了。

这三位特岗教师走后，校长忙又递烟倒水，一番客套："晓菲这孩子其实挺好的，工作也踏实，只是性格有些孤僻，不爱说话……"

临走，我像往常一样留了我的工作邮箱和博客地址给校长，还说新分来的几个年轻老师可以给我发邮件，交流心得。当然这也是职业性的习惯，其实结果是从来没有哪一个老师给我发过邮件。

但一个星期后我却奇迹般地收到了她的邮件。

3

我惊奇之余还有些感动。她说她看了我的博客，对我的一些教学心得和文章很赞同，尤其对我写的一些有关亲情和励志类的小文章很欣赏，她也爱好写作，希望我能教她写一些这类的文章，并帮助她推荐发表。原来这才是邮件的目的。她随邮件发来几篇习作，都是些心情文字。

我给她回复，先是安慰她既然选择了这个工作岗位，就要踏踏实实地对这份工作负责，在工作上求上进，至于写文章的爱好，我可以尽自己所能帮助她，并告诉她已把她的一篇文章稍作修改并投给了一家风格与之较适合的杂志。她很快地回复了邮件，既高兴又感激，还要了我的QQ，说方便以后多交流、多学习。

此后，她时常发些教学的想法、感悟来与我交流，也不时地发些小文章请我过目、推荐。渐渐地，她似乎习惯性地把我当成了一个倾听者，我也终于明白她为什么是这样一个女孩子了。

她出身于一个贫困家庭，9岁前从没有回过自己的家。她在家中三个孩子中排行老二，她的出生是因为家里铁了心为要一个男孩儿的结果，所以她的出生是不被欢迎的，为了躲避计划生育罚款，被藏到离家二百里外的奶奶家（爸爸是倒插门的女婿）。

她是喝奶奶家里养的两头母羊的奶和小米饭养大的，因为家里穷，买不起奶粉。9岁那年她回到了自己的家，但她并没有感到幸福，因为奶奶病逝了，她回家是没路可走的结果。并且，照旧贫穷的家庭和一家人对弟弟的宠爱，让突然到来的她看上去似乎是一个“多余人”。她自己也因陌生而拘谨，可她知道自己无处可去。刚来的那几天，她曾无意间偷听到母亲和父亲商量是不是把她送养到另外一个家庭，因为她没有户口，况且家里多一张嘴，将来还要上学等等和各种供养会让这个家庭加重负担。那一刻，她本来忐忑不安的心更加恐慌起来，她总问自己为什么会是一个没人要的孩子。第二天，爸爸叫她到跟前递给她一个又大又红的苹果，她没有高兴，反倒害怕起来，因为她敏感地觉得那个苹果可能就是打发她走的“礼物”。

所以她转身跑出屋，把那个苹果塞给了正在院子里玩耍的弟弟，又跑回来嗫嚅地说：“爸爸，我不喜欢吃苹果，让弟弟吃吧。”然后用害怕、乞求的眼神看着要张口说什么的爸爸。

爸爸在那一刻怔愣了，嘴角抽动，抖着手摸出廉价的纸烟，低头一颗接着一颗地抽，什么也没有再说。

那晚，她听到爸妈在里屋激烈地争吵。

这一次她没有害怕，反倒有些庆幸和高兴。

因为，昨天下午爸爸没有经过妈妈的同意把家里的耕牛给卖了，交了罚款，找了关系，为她报上了户口。

她终于有家了。她说救她的是那只当时她非常想要却没有要的苹果。

4

她说从上高中后就再没花过家里一分钱，都是申请贫困生资助，大学时申请无息贷款，利用业余和暑假打工挣生活费。大学毕业后，她知道留在大城市找工作难，生活成本高，所以来支教做了特岗教师，因为这个不用求人。她说她不要让父母觉得她是这个家里的负担，不要让他们觉得自己是来“讨债”的。这个家欠她的，而她不想欠这个家一分一毫。

看着她这样的文字，我的心袭上阵阵寒意。这世上没有无缘无故的爱，也没有无缘无故的恨。恨，已然成了她的心里永远化不了的一块冰。

这块冰是她难以根除的痛，这块冰让她有着深层、摆脱不掉的孤独，不会爱，也不会接受爱。甚至会在她遭遇挫折、不幸，脆弱无助的时候做出可怕、极端地选择。

其实，当初救她的不是她自以为的那只苹果，那是一个孩子因伤害而对情感的误解。这世间有那么多无可选择和支配不了的无奈，救她的还是她爸爸对她舍弃不了的爱。

5

中秋节的时候，我设法联系到了她的父亲。那天，那个老实木讷、快近老年的男人在我的办公室里哭了，说其实家里条件变好些了之后，一直想多照顾她点，可她一直拒绝：上高中时，送到学校的吃的，她都不去门岗拿，门岗的保安每次都让我别送了；上大学报到时想送她去，她不让，自己只好偷偷地买了同一车次的火车票，远远地看着她进了大学的校门，然后在学校门口不远处的桥洞下面睡了两晚；还有就是，其实大学四年一直资助她的是她母亲的一个远房亲戚，而那些钱是她母亲交给那个亲戚的，因为这孩子自从回到这个家之后，就没和她妈说过一句话……

一个星期后，她来县里讲公开课，表现得很好，得了第一名。一所县城的中学相中了她，有意调她到县城来，她高兴坏了，说要请我吃饭，感谢我指导她的课。我说以后你到了县城，吃饭的机会总有的是，但有些事你现在不做也许一辈子都没机会了，说着我打开手机，把那天我和他父亲谈话的录音放给她听……

她先是惊讶，然后哭了。我递给她一张车票说："孩子，回家吧，回家里去吃一顿饭……"

不管我们曾经多么努力地生长翅膀，多么想要离开那个困住我们的小家，多么深信庞大的世界总有一个更好的地方是为我们准备的，你拼搏、你奋斗，你在路上，你盛开、你挣扎，你欢笑、你流泪，直到有一天，你还是深切地感觉，那个叫做家的地方，还是你最想回去的地方，而爱，永远都是回家最近的那条路。

父爱的答案

有那么一个人，他曾严厉地管教过你的淘气，他曾恼怒痛斥过你的不争气，他曾希望你成功风光，盼望你飞黄腾达、光宗耀祖，直到有一天，这些他都不在意了，只是在意你能不骄不躁，踏实安稳，平安健康地在他余生的全世界。

一对事业都比较成功的父子被邀请参加一档访谈节目，节目开始，主持人要求父子来个拥抱。父子二人都显得有些局促，但为了配合主持人，父子二人还是象征性地草草拥抱了一下。对于台上的这一幕，观众也同样心知肚明，毕竟父亲已70岁高龄，儿子也已是四五十岁的大老爷们儿，在现实的生活中，是不会有这样的举动的。

天下大多数的寻常父子之间的亲昵也许只存在于孩子的婴儿和幼儿园阶段吧，儿子一旦长到八九岁时，父母尤其是父亲似乎便失去了拥抱他的权力，这是成长的规律，也是人之常情。然而节目的最后，却出现了戏剧性的变化。主持人发给父子每人一个小题板，要求写出最希望对方改掉的三个毛病。

父亲拿过题板，毫不犹豫地写了起来，儿子却迟迟难以下笔，表情有些尴尬。台下的观众也替儿子捏了一把汗，毕竟当众写出父亲身上的毛病是件让儿子为难的事。早早写完的父亲看了儿子一会儿，脸竟然也有些红了，然后说道："写吧，没事儿。"儿子这才动起笔来，或许心中早已有答案，只是碍于情面，不敢下笔。

父亲的一道"命令"为儿子救了场，确切地说是为儿子剔除了心中的顾虑。片刻，儿子的答案也写好了。答案开始一条条的公布。主持人先公布的是儿子的。儿子希望父亲改掉的第一个毛病就是：太严肃。父亲听了，微微苦笑。第二个毛病是：性子急。第三个毛病是：话太少。这样的答案并不稀奇，可能天下大多数人对父亲的感觉都是如此，也看不出这其中有什么特别。

然而，当主持人公布父亲的答案时，全场为之动容了。父亲的答案是：别再抽烟了，少喝点酒，尽量不熬夜。父亲对儿子的希望如此简单、朴素，却又如此深情浓厚，有担心、有关爱、有希望。而相比父亲的答案，儿子的答案却像在诉说一部漫长成长史里的不快、委屈，甚至是抱怨。可能父亲曾经对他要求严格、态度强硬、甚至粗暴，那是全天下父母普遍的“望子成龙”的迫切愿景。然而当这一切尘埃落定，不管他成不成功、争不争气，到最后还是归落到关心他的身体与健康，回到爱的原点，就像当初他刚刚落生、牙牙学语、蹒跚学步一样，只是在意他欢喜健康的成长，而不是他发不发财、当不当官、风光不风光，那些都已变得不那么重要。

这时，台上的儿子听到父亲的答案，眼圈已有些湿红，嘴唇轻抖，他冲到父亲跟前，给了父亲一个紧紧的拥抱。这次不是“完成作业”，而是真心使然。

第三辑

世界往往把你虐得遍体鳞伤，生活也把你炼成钢筋铁骨，但你却把最柔软的爱留给了我，在任何时候，都让我觉得温暖，也让你觉得幸福。

奶奶的“娘花”

1

“娘花”就是棉花，北方的方言，与之相关的棉絮就称“穰子”。

小时候，从记事起就知道“娘花”是家里最为重视的农作物，清晰地记得从播种到出苗、打叉、捉虫、喷药，一直到拾“娘花”，奶奶的身影就像是长在了“娘花”地里。

我也喜欢“娘花”。儿时，常常躺在奶奶晒在竹席上的“娘花”堆儿里，看天、看云，“娘花”软绵绵的，有阳光的香味，天上的云朵也软绵绵的，像奶奶种的“娘花”，或者奶奶种的不是“娘花”，而是天上的云朵。当然我更喜欢奶奶卖了“娘花”给我换回的那些小礼物，比如一根甘蔗，一块月饼，或者一把水果糖，一顶绿军帽、一条绒裤，一双弹力袜，一把印着孙悟空图案的削笔小刀，一块有香味儿的橡皮……

这些，都是奶奶用卖“娘花”的钱换来的。印象中，似乎也只有用“娘花”换来的钱，奶奶才用得那么大方。所以，那时我觉得家里最值钱的也就是“娘花”了。

2

奶奶一直不停地种“娘花”。

我能记得的是种了三十年，一直种到她一棵也种不动了。

最早的记忆是，从我穿着开裆裤在“娘花”地头儿上的大杨树下，坐在奶奶拾“娘花”的筐里，吃着两毛钱一根的“脆糖”，吃完了就不耐烦地冲着白花花的“娘花”地里拾“娘花”的奶奶不停地呼喊：“奶奶！拾完了吧？该回家了吧？”

箍着一方米白头巾的奶奶从“娘花”地里直起身来大声喊一句：“石娃，再等等，等等，莫着急呀。怎么能着急拾完呢？咱地里要是有拾不完的‘娘花’那才叫好呢。不急呀！石娃，等奶奶晚上给你烙鸡蛋饼吃……”

鸡蛋饼有吃上的时候，也有吃不上的时候，因为奶奶常常拾到月亮都上来了，我在地头儿的筐里也睡着了。但多年以后，我常常怀念奶奶站在棉田里对我的大声呼喊，我觉得那是世界上最温暖的声音。

3

奶奶是个极爱干净的人，就像“娘花”一样干净，细细白白的柔软，不染一丝纤尘。不管多么破旧的衣服，穿在奶奶身上，都显出与众不同。奶奶的衣服是穿了十几年，甚至几十年，可以有一千个补丁，但从来没有过一个张口的破洞，就连补丁都补得分外仔细，针脚细密均匀，没有半分的粗糙。奶奶说，这不叫“穷讲究”，而是一种修养。多年以后，我觉得，奶奶的话富有哲理。

村里人，没有不夸奶奶这份讲究的。人们都说奶奶是“大户人家出身的人”，小时候家里良田千亩，骡马成群呢。奶奶是她家里的“千金小姐”呢。

人们的传说似乎有点夸张，但奶奶的出身的确有些富贵，在当时的三里五乡里称得上“豪门”了。

奶奶的爹，也就是我的太姥爷，年轻时在天津卫一家布行里当掌柜，也就是现在人们说的“经理”。太姥爷挣了钱回来，就买田盖屋，渐渐成了村里的富户，现在奶奶的娘家，太姥爷的那座老院子还“古香古色”地矗立在村子中央的位置，青砖蓝瓦，飞檐挑脊的屋顶，高高的门楼，图案优美的瓦当，石雕、砖雕，都别具风格，虽然已不似当初那么雄伟、壮观，但这在当时，那可称得上大院深宅了。

可是，奶奶的“富贵命”没持续几年，“小姐身份”听说也是只到了12岁。

4

奶奶是闹日本鬼子时，被太姥爷从天津带回来的。

到了乡下老家，奶奶也没有享上小姐的福，因为奶奶没了娘。

奶奶的娘，也就是我的太姥娘，不是太姥爷的正室，是太姥爷在天津娶的一个“二房”，听说是个教书先生家的女儿，自从嫁了太姥爷，一趟老家也没回来过，就一直跟太姥爷在天津生活。闹日本鬼子时，太姥娘去药铺给太姥爷抓药，在桥头上被日本兵纠缠，太姥娘眼都没眨一下就纵身跳进河中。

听说后来连尸首都没找到。

日本鬼子到处打砸抢，太姥爷带着12岁的奶奶连夜逃回了河北老家。那时的奶奶还在天津的洋学堂里念书，是一个能识文断字的姑娘。

5

从没有回过老家的奶奶，一下子来到这个只听太姥爷提起，却从未到过的陌生老家，半年没开口说一句话。

奶奶只是常常捧着一本厚厚的《红楼梦》把自己锁在一间小屋里。太姥爷叹气“也许这闺女作下病了，日后，哎……”

那时，家里有奶奶的两个哥哥，太姥爷的大媳妇生的，有三个长工，还有两匹高大的骡子，一头拉磨的老驴，当然还有一个重要角色，就是太姥爷的大媳妇。

大媳妇对这个突如其来的“小姐”有些不知所措，更对奶奶的不开口说话感到恐慌，甚至纳闷儿奶奶是不是个哑巴，更好奇，奶奶竟然长得像戏文里的人一样俊俏、文静，担心她会不会不适应这乡下的苦闷生活，会不会有一天也像戏文里的那些小姐一样焚书葬花，哭哭啼啼地寻了短见，所以，她驾着一万分的小心，不敢有丝毫怠慢与招惹。

直到半年后，奶奶开口说了第一句话，找的第一个人竟然是太姥爷的大媳妇。

6

那一年，是奶奶第一次来了“月事儿”，家里又只有太姥爷的大媳妇一个女人。

奶奶开口说的第一句话是“太太”，这把太姥爷的大媳妇给叫懵了，因为在农村里还没人这么叫过，都是叫“老王家的”。

一声“太太”把人叫落了泪，太姥爷的大媳妇慌张激动地说：“闺女，你可算开口了呀，知道你也是个命苦的孩子，如今又到了我们这穷苦的乡下，有些小苦小穷你得多担待着点，以后你可以叫我娘，也可以不叫，但我一准儿把你当亲闺女待看……”

奶奶听了这话，有些动容，眼圈有些红，想起自己的娘来，但泪花儿还是强忍着在眼眶里打转，硬生生没让掉下来。这让太姥爷的大媳妇更生了一份怜悯，叹息道：“这是个心重的孩子呀，也是个有准主意的孩子。”

奶奶没有开口叫娘，还是喊“太太”，言语表情、行为举止都透着分外的恭敬、礼数，不卑不亢。

奶奶上不成学了，乡下也没有学校。奶奶就跟着“太太”学纺线、学织布、学绣花，样样学得快，做得精，每样活儿都出彩儿，村里的姑娘没人能比得了，但奶奶还是放不下她的书，夜里常常在煤油灯的豆光下看《红楼梦》《西厢记》《牡丹亭》，只是眉间又多了一份忧郁，口里也常常吐出一声叹息。

一个13岁的孩子，对这个动荡不安的世界表现出出奇的安静。

7

很快，乡下也不太平了，开始闹鬼子、闹革命、闹“砸明火的”（土匪），一帮土匪闯到奶奶家里，把太姥爷吊在院子里的枣树上打，逼着太姥爷说出在哪里埋着银圆，太姥爷被打昏了就泼凉水，泼醒了还不说就接着打，打昏了就再泼凉水……

直到把太姥爷打得快没了气，还是没说出银圆到底藏在哪儿。

土匪们把院子里，房前屋后都挖得成片成片的坑，也没找到一块银圆，最后，把家里的两匹骡马，还有那头老驴，一千多斤粮食，有用没用的家什全都抢走了，洗劫一空。

土匪走后，太姥爷当天晚上就断了气，到死也没说出银圆到底埋在哪儿。

这次遭灾让“太太”精神恍惚，成了个整天扛着锄头去村后“挖元宝”的疯婆子。

至于地下埋着银圆的事儿，到后来，从天津回来的一个跟太姥爷学过徒的伙计那里得知了真相。

8

其实，太姥爷早没钱了，他在天津时就抽了十几年的大烟了，钱都一分不剩地糟蹋光了。现在留给这个家的，就只剩下那百十亩地了。并且自从太姥爷回来后，也陆陆续续地卖了不少。家里遭了这一次抢劫之后，大伤元气，奶奶的大哥一年前，跟一个绸缎商去了南洋，从那以后，至今没有消息。二哥在县里念着学堂，突然就没音信了，有人捎信儿回来说是去当兵了，当的什么兵一直不知道，到后来也没见着人。

太姥爷死，没有一个儿子披麻戴孝，找了本家的一个侄子。但侄子的条件是要五十亩地，一切竟全凭14岁的奶奶做了主，在当时，她们孤儿寡母的似乎也没有别的选择。

太姥爷死，奶奶没掉一滴眼泪。

发送完了太姥爷，家里只剩下一座空荡荡的房子和村外河坡上荒着的三十亩地。“太太”疯了，整天扛着锄头房前屋后的“挖元宝”，奶奶一个十几岁的姑娘面临的最大问题，就是让两个人都得活下去。

奶奶把河坡上的三十亩地租了出去，每亩收取八十斤粮食，那时候完全靠天吃饭，也打不了多少。地租了一年，第二年，给太姥爷披麻戴孝的那个侄子把三十亩地都买了，说一年一亩地给一百斤粮食。奶奶起初不同意卖，只同意租，但没人敢租奶奶家的地，谁租，那个堂哥就领着家里的五个小子去揍人家。

也就在那年，17岁的奶奶嫁了。

9

因为那年，“太太”也死了，出去“挖元宝”走得太远了，掉进了杂草掩着的枯井里。奶奶找了一天一夜才找到，但人已经没气了。

“太太”死，本来奶奶想执幡抱罐、披麻戴孝，但那个堂哥挡着不同意，说乡下没这规矩，没有闺女干这活儿的，况且你还不是亲闺女。结果还是他披麻戴孝，当然另一个结果是，奶奶家的院子又归他了。

太姥爷死，奶奶没哭，但“太太”死的时候，奶奶哭了，哭得全村人都抬袖子抹眼泪，因为奶奶一声连着一声“娘啊娘”的哭声，把全村人的心都哭碎了……

“这孩子真仁义呀，不是娘，却比哭亲娘都哭得伤心。”

没了房子住的奶奶面临的紧要问题就是要“出门子”（嫁人），堂哥给了仨月的期限。第二个月头上，奶奶就嫁了。

奶奶嫁给了邻村巩先生家里的儿子，也就是我的爷爷。巩先生，也就是我的太爷爷，是个老秀才，在镇上的私塾教书，“太太”出殡的那天，太爷爷来吊了张纸，太爷爷是个顶讲礼数的人，三里五村谁家过事，不管同姓不同姓，不管亲戚不亲戚，只要听说了，他就会郑重地去吊唁一下，行个礼。那天，也碰巧看见了奶奶哭“太太”的悲戚场景，直把他哭得也老泪纵横，说这闺女不一般。

后来，太爷爷听说了奶奶被逼着“出门子”的事，就托人上门来提亲。奶奶当时只听说了我太爷爷是个教书先生，就痛快地答应了，别的也没多问，甚至连我爷爷多大，是干什么的都没问。奶奶的姥爷在天津同样是个教书先生，也许是这个理由，让奶奶有了那份坚定。

但奶奶这次是有些大意和失算了。

直到结了婚，奶奶才知道爷爷是个在镇上五金行当差的小伙计，并且还是个不中用的伙计。身上还有一堆毛病，有点好吃懒做，脾气还坏，还爱耍小性子。完完全全不像个顶门立户的大男人，倒像个一直没长大的孩子。

他们结婚那年，奶奶十七，爷爷十五。

10

爷爷虽然是个穷秀才家出身的孩子，但是爷爷是家里的独苗，太爷爷把爷爷疼的“捧在手里怕摔了，含在嘴里怕化了”，宠惯得不像个样子。所以自打小虽然家境不算富裕，爷爷也是过着“要往东不往西，要星星不给月亮的生活”，书不好好读，地里的活儿更不知是何事体，说五谷不分，有点夸张，所以养成了“肩不能扛，手不能提”的毛病。太爷爷也为他的不长进着过急，几番捉住要打，却往往先挨了他爹的烟袋和教训：“他不学，你逼他也没用。再说，就算你治着他学了又能怎么样呢，像你似的，读了一辈子书，不就中了个秀才吗，连家都养活不了，你那书读了，究竟管了哪门子用了。”

每当说到这个时候，太爷爷便脸涨得通红，没了底气。

直到爷爷长到十五，打骂已不能了，也只好由着他去了，后来把他送到了镇上的五金行做了伙计，好歹叫他学门吃饭的手艺。

但这伙计也没做长久。

爷爷心性浮躁，是个心里不装事儿、没主意的人。高兴了就乐得手舞足蹈像个孩子；不高兴了，受了委屈了，还动不动就掉眼泪，往往伤心地哭了一顿，明天又喜笑颜开的把伤心的事给忘了。比如，他在店里受了老板的气，回到家就鼻子不是鼻子、脸不是脸地乱发脾气，横着竖着挑毛病，一会儿菜咸了，一会儿茶凉了，奶奶从不跟他计较，饭给他重做，茶给他重沏。有一次，太爷爷实在看不过去了，抡起茶碗来，一茶碗投到爷爷的脑门子上："你怎么这么多毛病，你怎么不想想你自个儿身上有没有毛病，人家老板怎么会单说你，不说别人呢？再说你每个月往家交多少钱呀，你挣的那点钱还不够你自个儿败的，到了家里还挑这个、挑那个，你那出息就全长这上面啦？”

爷爷连吓带恼地捂着青肿的脑门，一赌气离家出走了。

爷爷七天没回来，没在镇上的五金行，也不知道上哪儿去了。这下可把家里人急坏了，太奶奶天天在家哭鼻涕抹泪，叫太爷爷还她儿子。太爷爷也吓坏了，托人四处去找。也没找到。奶奶自个儿带着只相差一岁的俩孩子在家看家，看上去倒像不着急、心里有谱儿的样子。

结果，爷爷还真在第八天头上回来了，原来他跑去邻县一个原先一块儿干活儿的哥们儿家喝了七天的酒，然后觉着光住人家里不好意思，就自个儿回来了。

也是那一次，爷爷在镇上的五金行伙计做不了了，只好回到家种地。

后来，爷爷跟奶奶开玩笑说："你真不怕我跑了不回来了呀，你当真不着急？"奶奶苦笑了一下："你跑？你往哪儿跑？你没长那个胆子，也没长那个能耐？"一句话，把爷爷臊得脸通红，觉得奶奶一下子就把他看穿了，也是从那以后，家里大事小情，全凭奶奶做主。

11

奶奶生下第五个孩子的时候，太爷爷得痨病走了，没过一年，精神恍惚的太奶奶也赴了黄泉，临走的时候死死地拉着奶奶的手不肯放，郑重地交待："你来我家不容易，书梁（我爷爷的名字）不成个人，你这辈子多操心吧……"奶奶也紧握着太奶奶的手说："娘，这个家交给我，你放心……"

太奶奶微笑着流下最后一滴眼泪，安危瞑目。

当不成伙计了，爷爷没办法，慢慢地也把地里的活儿基本学会了，虽然地里长的粮食不如别人家的多，但总算把一家老小养活了下来。

也是从结婚后，奶奶就再没看过书，那些书都被她锁到箱子里了，因为她一直在不停地生孩子、看孩子。她早不是那个"千金小姐"了，她也早不把自己当小姐了。她要面对的，是家里一张张要吃饭的嘴。

奶奶一共生了九个孩子，但只留住六个，有三个都夭折了，一个闺女养了半年，发烧，没留住；一个儿子6岁时出天花没保住；一个早产连满月都没出。不过那时候的乡下，"扔"个小孩子都是挺正常的事，家家都有这种情况，就像丢个小猫小狗一样，人们也没那么多悲伤。

奶奶没掉过眼泪。倒是爷爷，在失去那个6岁儿子的时候，伤心欲绝，像受了致命的打击。因为那个孩子长得白白净净，又聪慧懂事，一个6岁的孩子，家里来了客人，就知道爬上桌子给人家沏茶倒水，点烟问好，是个极讨人喜欢的伶俐孩子，人们都说这孩子长大了可能是要中状元的，可是命却不好，不幸早夭。

那阵子，爷爷伤心得像丢了魂儿，常常一个人跑到河坡上的大槐树下抱着那个小叔叔生前穿的小棉袄从天黑哭到半夜，或者从半夜哭到天明。因为早夭的孩子是不能埋进祖坟的，往往都是埋到河坡或荒地里。

爷爷饭不吃了，活儿不干了，常常跑去河坡上哭，奶奶不劝他，也不拦他，由着他去，每次直等她觉得他哭得差不多了，才去把他领回来，就像领着一个流干眼泪的孩子。

12

很快解放了。

搞土改的时候，奶奶的那个堂哥因为地多，成了被斗争的对象，田地都分了，家产也分了，奶奶的堂哥气不过，和公家干仗，结果被打折了一条腿，没了活路的儿子们也都四散而逃，只把逃不了的堂哥一个人扔在了家里，承受拷问折磨，堂哥就成了疯癫的流浪汉，天天这家讨、那家要，甚至有时候抢猪食吃，遭恶狗咬，遭顽童们扔坷垃……

有人说，他是替我太姥爷当了地主。也有人说，谁叫他当初趁火打劫，只认钱，不认人，活该遭这份报应。

但他疯傻后，到了奶奶村里，奶奶看见了，还是常常把他引到家里，塞给他两个玉米窝窝，冬天时给他找一件棉袄。

奶奶的这个堂哥疯傻得一天比一天厉害，后来成了乡间的“名人”。哪家有过白事儿的时候，他就跑去哪家跟着哭丧的队伍哭丧，常常被人赶出来，有时候还挨揍，因为他是去蹭吃喝的。人们也常常捉弄他：“王三，你光哭不行，你还得连吹带唱……”于是他就拿一根树枝仰脖冲天“呜呀呀”地吹唱起来，吹一会儿就给人家要吃的，要烟抽。有使坏的，就往给他的吃食上撒尿，给他的烟里塞上辣椒末儿，看着他被呛的狼狈样子，哈哈大笑……

但有一次，奶奶去爷爷家一个过白事儿的亲戚家吊唁，看见堂哥被人捉弄，在街上跟人家急了。但奶奶没骂人，奶奶一辈子都不会骂人，奶奶说的话句句都像钉子：“你们也都是爹娘生养的，你们也都当了爹娘，你们也有老的一天，你们也不能保证你们一辈子都年轻明白……”

从那以后，疯癫的堂哥尽管还是免不了挨欺负，但明显地少了。有一年冬天，几个人把冻僵快死的堂哥送到了奶奶家，奶奶对人家千恩万谢。疯癫的堂哥终于没能熬过那个冬天，奶奶费了好多周折和银钱，安排娘家村里人把堂哥送进了王家的祖坟。

13

后来，就到了人民公社，到了大跃进，紧接着三年自然灾害。那时候，村里确实饿死了一些人，小姑出生那年，正好赶上三年自然灾害，村里人把能往嘴里填的基本都填完了，村里所有榆树皮也都被扒光了。小姑刚出满月，饭都没得吃，奶奶哪里来的奶水，但看着嗷嗷待哺的孩子，奶奶还是狠下心决定想个办法，总不能眼睁睁看着她饿死吧。于是，打听了一番，决定把小姑送到邻县的一个没有孩子的人家儿，寻思着能让孩子有一口吃的，活下去。

孩子是趁爷爷不在家，偷偷抱走的，因为怕爷爷闹。

但是爷爷回来后，立马就跟奶奶急了："就算饿死也不能把孩子送人。"结果爷爷顶着二十里风雪，用一件破棉袄把小姑给抱回了家。

爷爷的头发、胡子、睫毛上全是晶莹的冰花儿，脸冻得青紫，那天，看着爷爷的这副样子，奶奶落泪了。奶奶心里一直知道，爷爷虽然懒惰，虽然脾气不好，但爷爷是个极重感情的人，心里不装事儿，但时时刻刻装着命里的骨血亲人，每一个都像是他身上的血脉，少了哪根都像是从他命里抽取似的，他是万般不能同意的。也正是因为如此，奶奶迁就了爷爷一切不争气的“坏毛病”，觉得独独有他这一份孩子般的天真就足够了，人不坏，就没有能坏到哪里的事。

小姑抱回来，爷爷和奶奶只好硬着脸皮东家借一口，西家借一口，终于把小姑给养活了，借人家的人情，奶奶日后都是双倍奉还，这是她做人的原则，一辈子从未更改。

14

日子开始好过是农村分地到户以后，家家有了田地，也有了干劲儿，粮食打的多了，就不再挨饿了。温饱之后，人们就开始琢磨着种经济作物，当时最先种的就是“娘花”。

起初人们心里还没多少底，种得不多，好地还是种粮食，因为都是饿怕了过来的。“娘花”到底能不能多卖钱，还是个未知。但奶奶却大胆地坚持多种，结果，到了卖“娘花”时，奶奶家是全村卖得最多的，一下子成了村里的首个万元户，还有了油棉厂，用棉籽换给人们的一桶一桶“娘花油”，天天家里都能飘出油香味儿，我最喜欢的是奶奶用棉油“炸果子”（油条），常常嘴馋地守着油锅抢着吃第一口。

先富带动后富，全村这才积极效仿起来，棉花越种越多。

奶奶种“娘花”的认真劲儿在全村是出了名的，简直就像伺候孩子一样伺候她的“娘花”地，常常起早贪黑披星戴月。奶奶已是个完完全全的农妇了，也许早忘了她曾经是个“千金小姐”的事。

奶奶也正是用这些“娘花”换的钱盖了大屋，买了耕牛，后来又陆续买了农机具，我爸、叔、姑的学费也都基本是用卖“娘花”的钱出的，奶奶一个个把他们送到了中专、送到了大学，送到了部队，给儿子们成了家，给女儿办了嫁妆。

奶奶一辈子都像是生长在“娘花”上，“娘花”也回报支撑了奶奶一生对六个儿女的期望。她希望他们都能有出息，都能过上好日子。

我爸爸是家里的老大，书读得不好，当了两年兵，回到村里务农，回来的时候，爸爸曾一度为没转成志愿兵，吃上“公家饭”而叹气。奶奶安慰爸爸：“天下这么大，哪里都能活人，哪里也都能成事儿，只要有心，只要肯干，没什么翻不过去的山。”奶奶把爸爸领到自家的九亩“娘花”地前，对爸爸说：“以后，这九亩‘娘花’就归你了。”

三年，我爸跟奶奶在这九亩“娘花”地里夙兴夜寐，才盖了当时村里最气派的五间大瓦房，结了婚，成了家，爸爸还成了镇上的“产棉模范”，当选了村干部。

改革的步伐一阵比一阵快，旧貌不断地换新颜，人们的思想也一天比一天活络。不甘心只在小村子里混的父亲，毅然辞了村支书的职，和一个朋友买了辆大货车去跑运输，“娘花”当然就不种了。跑运输挣的钱当然比种“娘花”挣的钱多不知多少倍，爸爸甚至也不想让我妈种地了，但奶奶坚持，还是种了几亩棒子和麦子。后来，奶奶也渐渐老了，种不动了，但奶奶还是坚持每年种一亩“娘花”，爸爸起初不让种，说“几百斤‘娘花’能换几个钱？”但奶奶不理他，坚持种。

家里早不缺钱了。也许奶奶种的不只是“娘花”了，而是种的她心里的一份踏实、一份希望、一个寄托，一个念想。

15

爸爸出事儿，没有丝毫的征兆，镇上派出所的人来家里报信时，奶奶还弯着腰在“娘花”地里拾“娘花”。

她就是这样猝不及防地知道了：他的大儿子没了，车祸。还撞翻了一辆城乡客运车，三死九伤……

坐在地头儿上装满“娘花”的筐里的我，也是这样懵懵懂懂地知道了自己没了父亲。

这对已年近古稀的奶奶来说，无疑是个致命的打击。奶奶像换了一个人似的不吭不声，处理着纷沓而来的各种事，堵门叫骂的、上门要账的、把花圈堵在村口的，伤心事似乎倒成了其次，奶奶一板一眼，一人一人地打发，该赔钱赔钱，该善后善后，好像不是自家遭了难，而是别人家有了不幸。

此时的爷爷已得老年痴呆症五年了，对家里遭此横祸已毫无知觉。

叔叔、姑们都跑回家来，有出这主意的，有想那办法的，但到最后，奶奶拍了板，该咋着咋着，一切听政府的判决、安排。

人们都不解地说我奶奶傻，傻得不知赔赚，不知道里外，但奶奶一声不吭。

事情处理完了，奶奶也大病了一场。身子飘摇得像一棵无根的稻草，头发全白了，像顶着一头的雪，又像是顶着霜后白凄凄的“娘花”。

但自始至终都没看见奶奶掉一滴眼泪，也许她的眼泪都积压到心里了，也许都洒进了她一个人的漫漫长夜，无人得知。

那年，我刚背上书包，在邻村上小学一年级。

16

妈妈在三年后也改嫁了，带走了妹妹，本来也打算带我走的，但那天，她在堂屋里守着坐在藤椅上的奶奶哭了整整一个上午后，毅然地决定把我留下：“娘，你别怪我，我也不想走，但娘家哥嫂们的舌头压得我透不过气来。石头儿（我）给你留下，你被摘了肺、摘了肝，我不能再摘你的心……”

奶奶只说了一句：“什么时候想石娃了，来领。”

结果，嫁到邻县五十里外的一个村子的妈妈，三天跑回家来一趟，抱着我一声一声不停地哭，我倒没那么伤心，一个6岁的孩子还不太懂什么是伤心，最关键的是，我从小是在奶奶被窝里长大的，对妈妈似乎没有那种强烈的不舍。

奶奶说：“石娃，到你妈家去住几天。”我就听奶奶话跟妈妈去她的新家，说好的住五天，往往三天头上就闹着要回来了。

再后来，妈妈来看我，三天一趟变成了五天一趟，再慢慢的五天一趟就变成了半个月，半个月变成一个月……

我去妈妈的新家住，半个月一回也变成了一个月一回，一个月变成了只有学校放假的时候才去一回……

再后来，我也长大了，上了初中，住校；上了高中，去了县城；上了大学，去了省城。

妈妈后来的新家，听说日子过好了，在市区买了楼房。每每我放假的时候，坐火车回来，在市区下火车，我妈每次都在火车站出站口等着我，拉我去家里吃饭。我去了几次，但渐渐的也不想去了，我觉得那个家不是我的家。妈妈又有了一个儿子，我对他们都很陌生，他们对我也很陌生，我们没有话说。所以，我再放假改成坐长途汽车，然后悄悄再坐城乡客车回家，奶奶每次都是拄着拐棍在村口等我，腰弯了、背驼了，手背青筋暴露，瘦骨嶙峋，每次见了，我都忍不住想哭，奶奶却一个劲儿地拉着我的手笑："石娃，城里好吧，上学好吧，奶奶也是城里生的人，都忘了城里啥样儿了……"

17

奶奶的"娘花"还在种，只是没几棵，种在院子里的空地上。

奶奶说："石娃，你看奶奶种的'娘花'好不好？你说是不是也能拾上一百斤？"

我说："能！能！能！谁的不能，奶奶种的也能。奶奶种

‘娘花’，全村第一呀……”

奶奶就笑，笑得皱纹里都盛满了阳光。

我毕业了，本来可以留在省城工作，但我选择了回县城，我考了老家县里的公务员。因为老家的县城离家近、离着奶奶近，只有十八里路程。

26岁，我要结婚了。我把对象领回老家给奶奶看，那时奶奶正坐在院子里的那一小片“娘花”地前的藤椅上戴着一副老花镜看《红楼梦》，民国年间的版本。我对象十分惊愕，惊愕一个农村的老太太竟然看《红楼梦》，我笑着对她说：“奶奶年轻时是富家千金小姐，还是在大城市天津，她的故事，我会慢慢告诉你。可是她一生的故事似乎说也说不完。”

奶奶高兴地牵着对象的手进了里屋，指着炕垛上摞着的一高摞崭新的花被子说：“这些都是给你们准备的，十铺十盖，都是新棉花、新禳子，十全十美、十全十美，被子、被子，一辈子，奶奶没那么多钱了，就送你们这十床被子，好好地过一辈子吧……”

我没想到，我90后的小对象竟然一下子眼里充满了莹莹闪动的泪花，她把奶奶抱在了怀里，奶奶也把她抱在了怀里。我也早已泪湿了眼眶……

18

奶奶是在我结婚两年后走的，和爷爷前后只差半年，爷爷前脚，她后脚。那年，我儿子出生，办“满月酒”的时候，奶奶看见了，奶奶已经做不了针线活儿了，托村里手艺最好的人家为我儿子做了一身小棉衣。奶奶摸着我儿子肉乎乎的小脚丫，笑得一脸安详，好像这辈子没受过一丝苦……

奶奶的后事，在村里办得极为隆重，隆重的程度不是花了多少钱的场面，而是全村人都戴白吊唁，不管是本家不是本家，不管是亲戚不是亲戚……

我终于懂得了有一种品德与魅力叫：修养；有一种赢得叫：尊重。

但是，我亲爱的奶奶，就这样离我而去了。她还曾笑着跟我说，她要活到100岁呢！她说话没算数，跪在灵棚里的我也早已哭得几近失魂……

抬天看云，那成片成片的云朵，仿佛就是奶奶一生种不停地“娘花”，而恍惚之间，我又发现：老家院子里的陪房屋顶上竟然盛开着一株“娘花”，叶子虽然枯黄，但那朵“娘花”却开得硕大雪白，就像奶奶微笑着的样子……

一路蹒跚的爱

1

上师范那几年，每个月底的周六日，我都会从冀县老城区的学校走六七里路到汽车站坐上从冀县开往衡水的公共汽车，然后再从衡水汽车站坐公共汽车到镇上，再从镇上走八里路回村里。

师范上了三年，这个习惯我也坚持了三年。

2

每次回家，我都先不回自己家，而是先到爷爷的院子去看一眼。

爷爷那时病了有五六年了，脑血栓，治疗恢复得并不理想，半边身子不灵便了，一条腿瘸着，只能拄着拐杖拖着另一条腿艰难蹒跚地走路。

背着书包，进了爷爷的院子，便听到北屋里传出爷爷的咳嗽声，我急走几步迈上门台，嘴里叫一声“爷爷”，人紧跟着就进了屋。爷爷刚才还强烈不止的咳嗽声一下子被我的叫声给震停住了，苍老瘦消的脸憋得通红，嘴里却还在努力地喊着：“小永，回来了呀，回来了……”爷爷的眼里放出激动的光彩，身子几乎是从那把老藤椅上“跳”起来，因为一条病腿吃不上力，他双手扶着桌角，特别吃力的样子，心情的急迫差点让他摔倒。我能理解，他渴望看见他的孙子，而此刻他的孙子回来了。

我忙上去扶他，爷爷模糊、浑黄的眼珠闪动着让人心疼的潮湿，嘴角抖动着，淌下不自主的口水……

他老了，就是这个样子；他病了，就是这个样子。而他还努力地火热着一颗心，在他的孙子面前，努力着他的全部。

3

“又走了七八里路回来的，累不？快歇歇。中午在这里吃饭，在这里吃。”他强调地不容拒绝。

我扶爷爷坐下，爷爷努力地拽住我的手不放。爷爷的手瘦而冷，不停地抖，抖得人的心都跟着碎了……

奶奶从偏屋端着饭走进来，一碗面条，爷爷急忙地拉我：“小永，吃、吃、吃。”

那碗面其实是爷爷的，但爷爷一个劲儿硬把筷子往我手里塞：“吃鸡蛋、吃鸡蛋。”爷爷眼里竟是恳求的眼神。

我的眼泪一下子滚满了脸，一口一口服从他的命令往嘴里吃，伴着泪水咸咸的味道。

看我把鸡蛋吃下，爷爷脸上紧张的表情才放松了下来，浮上一层浅浅的笑意，那笑意是：满意。

4

爷爷一辈子不容易，爷爷一辈子用他的所有，疼了这个家里的每一个人。爷爷八九岁时没了父亲，太爷爷在天津给一个布行的老板当掌柜的，挣了不少钱，盖了村里最气派的房子，但最终还是一分钱都没攒下，时逢战乱，太爷爷失踪了，最后连祖坟都没埋进去。又连番遭了“砸明火”土匪，将家里洗劫一空。太奶奶受不了接二连三的打击，两三年后，也去了。只剩下爷爷的奶奶，一个花甲小脚老太太和十一二岁的爷爷相依为命。那时，爷爷有一个外号，叫“二秃”，并不是说爷爷是秃子，而是村里管只剩下“孤儿寡母”家庭的孩子的俗称，就是说这一家只剩下这一棵独苗了，不知能不能活得长久，有怜悯，也有势利的嘲笑。但爷爷愣是把一个风雨飘摇的小家，最后过到了子孙满堂。

虽然日子过得不是很风光富足，受穷受苦了一辈子。但爷爷这辈子，就争了这一口气。

爷爷16岁参加了革命，跟着共产党打游击，一腔热情，披肝沥胆，认真负责，历经凶险，九死一生，立下卓著功劳。

但爷爷这辈子终究没做成大事，大军南下那年，爷爷有机会随军南下，但爷爷没去成，那时，爷爷的奶奶病入膏肓，生命垂危。爷爷没有选择建功立业，而是选择了孝道，爷爷的奶奶省一口吃，省一口穿，含辛茹苦地把他养大，他不能一走了之，把他的奶奶扔下，就算将来他做了大官，但如果爷爷的奶奶病故了，身前又没有一个人，爷爷狠不下心做那个不孝的子孙，况且，爷爷的奶奶也只有他这么一个亲人。

一年后，爷爷的奶奶去世了，爷爷一个17岁的孩子披麻戴孝地办完了后事。

再后来，爷爷一直在地方工作，成了一个乡村干部，结婚生子，过起了平凡的农村生活。而不少当初一起干革命的同志们，后来都当了大官。但没人见爷爷叹过一口气，也没有抱怨过一句不如意。

后来，家里陆续添了好几个孩子，生小姑那年，赶上三年自然灾害，村里开始有人饿死，奶奶身体也陷入虚弱，小姑没奶水吃，有人送来一个窝头儿，有人抓来一把米糠，劝一句，这孩子送人吧，若是不送，恐怕活不了。后来，有人出主意，几经打听，决定把小姑送到十几里外的一个叫高庄的村子，那村子里有一家人没有孩子。

爷爷夹着泪花子说："就是全家都饿死，也不能把孩子送人。"

小姑后来听闻了这件事，每每有人提及，眼里都夹满了泪花子。

后来，爷爷背着一个旧口袋，借遍了所有的亲戚朋友，东家借一口棒子面，西家借一口高粱面，这村借半袋红薯，那村借半袋子棒秸辘（玉米芯，那会儿挨饿的时候，吃这个），一家人，没有一个饿死，都挺过了难关。

后来，小姑成了这个家里最有出息的孩子。也为这个家做了很大的贡献，小姑在北京做生意，把家里的好多孩子都带了出去，让他们过上了好日子。

5

有一年，和小姑收拾老屋子，翻到爷爷年轻时的一张老照片，黑白的，镶在一个已经很老很老的竹管儿相框里。

小姑很仔细地拭去相框上的尘土，笑着对我说："看你爷爷年轻的时候多帅呀！真真称得上一个帅小伙儿。"看着小姑一脸骄傲的表情，我认真端详那张照片上年轻时候的爷爷，真是眉目清秀、骨骼俊朗。

小姑说："听村里人说，你爷爷年轻的时候，是三里五乡的俊小伙儿呢，又有文化、又那么早就参加了革命，当了乡里的干部，脾气温和又明事理，没准儿就是那时候好多年轻姑娘心里的偶像呢？听说，那时候邻村有一个年轻的女教师看上了你爷爷，说一分钱彩礼也不要都肯嫁给他呢，只可惜你爷爷没有答应，多可惜的事呀！"小姑叹了口气，我开玩笑地说："要不可惜，哪里还能有我们呢？"

小姑也笑了。

那个年代的事已不是我所能知道、更是无从考证的。但在我的印象里，爷爷一直是个操劳不止的人，不仅为家里的事，也为村里的事。爷爷是个极要面子、极认真，又热心、又好脾性的人，所以他一直是累的。在我的记忆里，没有他丝毫闲在的片断。做公事，他一板一眼，费尽心力地协调各方面的关系，在家里他是那么无私地疼着每一个，心细到哪怕是连我们自己都不在意的小事，他却记得那清清楚楚。

爷爷有一个发黄的“小本儿”，上面记的是他的六个儿女还有我们孙辈儿人的名字、出生年月，有的甚至连几点几分都记得那么清楚、明白。我很惊讶，但更多的是感动，感动他的爱是这么细致入微。

我是他的大孙子，也是他疼得最多的。家里人说，我还是个小宝宝的时候，有夜哭的毛病，爷爷睡觉又是极轻的，一听到我的哭声，就从北屋里出来，走到院子里冲着我们一家住的西屋喊：“你们（指我爸妈）轮流抱着孩子，别让孩子哭，哭坏了身体怎么办？”不管冬夏春秋，爷爷要一直等到听不到我的哭声了，才肯走回屋里。更让所有人吃惊的是，从来不迷信的爷爷，还为我这夜哭的毛病，请人写过什么“天皇皇、地皇皇，我家有个夜哭郎……一睡睡到大天亮”之类的符贴在村外的大柳树上。我曾为他这丢失了原则的爱而感到好笑，但又觉得那么温暖。

后来，有了我弟弟，弟弟是个早产儿，身体很弱，我娘身体也不好。那时家里还很穷，爷爷不放心，就让我和他一起睡。每天晚上在我睡着了以后，爷爷都会在我的枕头前放一块儿点心，或是两颗糖果，待我一早醒了就能看到，万分欢喜，爷爷也笑得像个孩子。而这些现在的孩子们都吃腻了的零食，在那个年代都是奇缺的呀，不知他如何省吃俭用，又如何费心讨买，把每份最好的，都留给了我。

爷爷那时每次到乡里去开会都会给我买吃的回来，所以，每次我一知道爷爷去开会了就会很高兴。不到中午，就到房后等爷爷回来，等他给我带回来“好吃的”，哪怕只是几块饼干、一截甘蔗、或只是两根油条。有时候，奶奶让他捎的东西他倒忘了，而给我买的吃的却从来没有忘过一回。听着奶奶没完没了的抱怨，他只好搪塞，但转眼看见我欢呼雀跃的样子，他又那么开心地笑了。

所以养成了我从小贪嘴的毛病，人人都笑话我是个“馋孩子”。当然后来，我没了这个毛病，小姑总是惦记我嘴馋，每每给我买好吃的，做好吃的，一个劲儿地催促我吃这吃那，我却没兴致吃了，小姑不解地说：“小永小时候那么馋，怎么现在什么也不馋了呢。”直到有一天我终于明白，有些不讲原则的爱，都是因为疼爱最深的缘故。

6

当然，最让我不能忘的，也最难过的，还是我上师范的那几年。

因为，那是爷爷病得最严重的几年，也是他人生最后的阶段，他却始终不放下一点对我的疼爱，直到他离我们而去的最后一刻。

我每次回来，他都要我跟他吃一顿饭。我每次走，爷爷都会偷偷地塞给我一些零花钱，而那时病着的他，又能有多少钱呢？又不种地了，无非是他那点微薄的退休金罢了。记得有一回，我不忍心再要爷爷的钱，想偷偷地走。但还没走出村外多远，回头就看见他拄着拐杖、拖着一条病腿从后面艰难地追上来了。我赶忙跑回去搀扶住他，他就连忙颤抖着那瘦弱的手从上衣兜里摸索出十五元钱来，塞到我的手里。看着他身后被他那条病腿拖出来的一条长长的土痕，我的泪一下子就涌出来了。

他是怕他的孙子在外面受委屈吗？其实又有什么委屈可受

呢？这只不过是爷爷疼孙子的一份沉甸甸的心吧！

我要送他回去，爷爷不让，说：“别误了车。”

泪眼望着爷爷那一步一步艰难远去的背影，那成了我一生永不磨灭的记忆……

最让我难受的是有一次，他怕我又提前走了，天一亮就从村西头艰难地走到村东头儿的我家来。大门还没有开，我们都还在睡觉。他竟从牛棚的一个断口处钻进院子里来，结果弄了一身的草与土。“上次，小永走得早。我怕这次再见不着他……”爷爷抖着嘴唇紧张地说着，从上衣内兜里又抖抖索索地掏出五十元钱来递到我手里……

我“哇”的一下就哭了：“爷爷、爷爷，你、你怎么能这样呀。”

让人心都碎了，眼泪也结成了冰……

这就是我的爷爷，像命一样疼我的爷爷。

7

可惜，一九九七年我刚参加工作不到两个月，爷爷就在病痛中永远地闭上了眼睛，而我还没有来得及疼他一天。这成了我心里永远的愧疚。

爷爷临走时，我哭着和姑姑们给他穿上最后一身衣服，他那浑浊而微弱的眼神谁也辨别不出来了，但他的嘴里却还一声一声、断断续续地呼着我的小名。那一刻我终于明白，我在他的心里有多重，明白了原来我一直是他最大的期望。

我哭疯了似的紧紧抱着他，但却再也听不到他的呼吸，摸不到他的温度……

那年，这个世界上最疼爱我的那个人走了。

而这个寒冷的冬天，我开始无比的想念他。

人到中年，我没有活出世俗人眼光中的“风光”“富足”，但我活的每一步都勤奋、踏实、努力。也活得无比坚定，因为我知道，不管遇到多大的困难，生活有多么艰辛不易，我都没有理由退缩、颓丧和放弃。

我成了一个靠写作打拼生活的人，这不是一条发财之路，但我用我的能量和努力获得自己的价值。有人花钱出书，为了虚荣，我不会。有人冷言：“写作不能光谈挣了多少稿费，那样庸俗。”我不还击，我没写反动言论，我没写黄赌毒，我没愤世嫉俗，我没牢骚满腹，我只想做一个踏踏实实的写作者，我写的都是人间的烟火冷暖，至亲大爱。人人都有，知善能懂。

在这个冬天，我无比想念我的爷爷。写这篇文章时，几次泪都涌满眼眶，滴湿了键盘……

爷爷，我就做这么一个踏实的孩子吧！

你满意吗？

你甘愿卑微，遮挡我虚伪的坚强

1

这天上午，刘军正在局里开会，裤兜里的手机突然猛烈地振动起来。刘军下意识地把手伸进裤兜摸到手机，按了拒接键。今天是他升科长后第一次列席参加班子成员会议，他不想给局长留下不好的印象。

可令人懊恼的是手机又在裤兜里焦躁不安地振动起来，好像在报警似的。他正想把手伸进裤兜再按掉它，不想这时局长的手机也响了。刘军趁机迅速地掏出手机，看了一眼来电显示，脸一下子阴沉下去，果断地按了拒接。

手机显示的是他哥哥的号码。

这个哥哥是越来越烦人了，他不欢迎哥哥来找他。

2

哥哥比刘军大6岁，在乡下种地，可村里人都说哥哥根本不是种地的料。事实也是如此，哥哥年轻的时候在镇上的五金厂上班。上班是上班，但哥哥从没下过车间，他是在厂办公室负责报表的宣传和职工们的文化娱乐活动，哥哥能拉会唱、字也写得漂亮，人长得也帅气，还娶了当时厂里最漂亮的姑娘。只是好景不长，企事改制，没有一技之长的哥成了首批下岗的职工。当时嫂子挺着个大肚子去厂里闹，新厂长答应半年之后会考虑返聘，结果等嫂子生完孩子、出了月子，竟也被告知不用去上班了。

哥嫂灰头灰脸地回到村里种起了地。可是一向清闲惯了的哥哥重活儿干不了，轻活儿也常常干得不着四六，那时刘军常常看见嫂子急急火火地在地里追着哥哥没完没了的骂、没完没了的打……那时候上初中的刘军不理解哥哥怎么一下子成了这样一个窝囊的人。他在心里默默地发誓长大了决不能做哥哥这样的男人。

刘军大专毕业后，被分配到县文化局工作。哥哥常常在村里吹刘军的牛皮，让村里人都以为刘军在城里好像是个挺大的官儿。

刘军对此很反感，因为那些以为他能办事儿的人时常来找他，结果他没职没权，但为了面子只能自己掏钱为他们办事。

哥哥最近更烦人了，每次来不是喝得大醉诉日子过得苦，就是让刘军托关系、走路子，为他找点事做，哪怕是看大门都行。虽然这对当上科长的刘军来说应该不难，但刘军没有答应。

刘军是怕哥哥来了以后给他丢人。前两天，哥哥打电话让他帮忙问问能不能往县城一些大的学校食堂送些白菜，家里三亩多白菜四处零卖了太费劲了。刘军答应帮忙问问，但他根本没去问。因为眼下自己刚刚提拔，不想给自己造成不好的影响。

这两天哥哥没完没了地催，说菜都快要烂在地里了。

会议终于在两个多小时后结束了，刘军回到办公室看了看手机，有九个未接来电，就想着还是给哥哥回个电话安抚一下吧。谁料电话打通之后，刘军一下子脸色煞白。

3

哥哥在电话里几乎带着哭腔地说：“老二，你赶紧来吧，咱爹病了，现在正在县医院抢救……”

刘军气喘吁吁地跑到医院急诊病房。

刘军气势汹汹地质问哥哥“爹不是一向身体都挺好的吗？去年做体验的时候，还没什么事……”哥哥一脸的痛苦无奈：“都怪我急着把菜卖出去，让爹跟我一起去镇上的集市卖菜，结果整整一上午也没卖出去多少，你那该死的嫂子见菜没卖出去，拉回去只能烂掉，就口无遮拦地在集市上骂骂咧咧起来了，爹看我挨骂，一时气不过说了她两句，她更是撒起泼来，爹就……”

好在夜里十点多，爹终于醒了过来。医院说要把爹转到住院部去，可是病房却没有了，只能暂且在楼道里安排个临时病床，等有人出了院，腾出床位了再安排到屋里，也只能先将就凑合着了。

大夫在楼道最西头的一间病房外给刘军爹加了一张病床。可第二天上午，刘军拿着钱来补交医药费时，却火了，气冲冲地去找大夫理论。

“楼道头儿上那间病房里明明有两张空床，为什么不给我们安排？”因为刚才那间病房有人出来，刘军正好清清楚楚地看见屋里有两张空床。可大夫却并不怕他，拿腔作调地说：“那是人家家属要求的，自己住一间，另要一张陪床，三百元钱一天。”

刘军一下子蔫了下去，这不是他一个挣死工资的小科长能消费得起的。刘军沮丧地走出医生办公室。手机在这个时候响了。

“小刘，你父亲怎么样了？”电话是主管领导打来的。

“哦，没什么大事”刘军说。主管领导问在哪个病房，打算过来看看。他忙说：“就不麻烦了，单位上工作挺忙的。”主管领导说：“你还客气什么，老人病了我们去看看是理所应当的……”

其实刘军不是客气，而不想让同事们看着他爹被安排在楼道里的可怜样子。不一会儿，主管领导领着一帮同事提着大包小包的来了。主管领导说：“你先跟我们去看一下局长的丈母娘吧，也住院了。随后我们就去看伯父。”

主管领导在前面领路，向一楼西面走去，只是让刘军怎么也没有想到的是，他们竟然来到了最西头的那个房间门外，刘军的脸顿时一下子就扭曲了……

4

主管领导在病房里“大妈长、大妈短”地嘘寒问暖一番之后，转身从病房里出来：“小刘，伯父在哪个房间，你前面带路。”刘军正左右为难地不知道该怎么回答，这时一个声音响了：“小军，我要尿尿……”

听到父亲的唤声，刘军的脸一下子火烧火燎起来……哥哥出去买卫生纸去了。同事们一下子也都惊讶、尴尬起来，还是主管领导老练些，忙堆出笑脸客气了两句，让跟着来的人把一些水果和一箱牛奶递给了刘军，然后匆匆走了……

哥哥买纸回来，刘军一脸的阴云，说要给爹转院，哥哥丈二和尚摸不着头脑地问为什么。他只好把实情说了。哥哥说："有那个必要吗？再说爹也没什么大事，在这里医疗费还报得多一些，要是转去市医院，报得就少了。你要是觉得不好意思、难堪，你就别来医院了，我一个人在这儿伺候爹就行了……"

几天里，哥哥一直沉默着，不怎么说话，只是习惯地给爹洗手洗脸、喂饭、揉胳膊揉腿、照顾爹没了规律的大小便……起初刘军也抢着做这些事，却总是也做不好，不是因为喂饭急了呛着了爹，就是给爹洗脸不小心弄了父亲一脖子水……

这天，哥哥说要出去给爹买点菜吃，医院食堂的饭爹吃得没滋没味的。哥哥走后不久，父亲又要小便，刘军手忙脚乱地忙活着，结果便器没放到位，父亲就尿湿了裤子和床单。后来还是哥哥来了之后，麻利地帮爹收拾好了一切、换好干净的衣服。刘军怔怔地站在那里看着哥哥很自然地做着这一切，脸有些涨红，好像一直不争气、不孝顺的那个儿子不是哥哥，而是他自己……

大 姨

1

从小时候记事起，我妈每逢回乡下老家前都会去小食品批发市场买两大包“槽子糕”，那种装在普通塑料袋里的，虽然味道不错，但包装实在简单、老气，一点也不上档次。我爸曾不止一次地愤愤然：“你说这么大老远的，好不容易回去一趟，你买两包这个回去，叫不叫人笑话！哪里没卖槽子糕的，乡下村里小卖部就有卖的。不在花钱多少，咱好歹买点乡下买不到的，这样脸面上才过得去……”

我妈有时候会头也不抬地回一句：“你懂什么？”要不就干脆不理我爸不厌其烦地唠叨，照样自顾自地每次回去都买两大包槽子糕，另外再拿些家里不穿的旧衣服。

这些东西都是给大姨的。

给姥姥、姥爷的，我妈每次都是直接给钱了事。大姨和我妈只差一岁，模样也相像，不知道的还以为是双胞胎，唯一的差别就是我妈稍显白净富态，大姨黑瘦老气，这是一个城里女人和一人乡下女人最明显的差别。

2

大姨嫁在离姥姥村十里路的另外一个村子，我妈每次回老家都必去大姨家，有时甚至要先去大姨家，给大姨撂下那些东西，扯两句家常话，然后再去姥姥家。而每次，大姨也是给我们装了七七八八的各种土产：花生、红枣、石榴、黄豆、玉米面……直到把我们的包全都塞得装不下为止。时常弄得我爸羞怯、尴尬，不好意思地一遍遍重复："大姐，你看你，我们来一趟，没买什么值钱的东西，你倒给我们装了这么多，这叫我们怎么过得去……"大姨一边给我们不停地装着包裹，一边不慌不忙地说："都是自家地里种的，花不着钱，不像你们，在城里哪一样都得花钱买。"

我妈在一旁赔着玩笑话："大姐，你每次都做这赔本儿的买卖，我是沾光都沾上瘾了……”这时，才见大姨抬起头来也跟着笑，说：“自个儿亲姐妹儿，什么赔不赔的，要赔，也是心甘情愿的。”

每次大姨说到这类话的时候，我妈的神色都黯然下去，不再跟大姨说笑，安静得像个孩子。

姥姥、姥爷在的时候，我妈一年最多是回老家两次，春节后回家走亲拜年，有时候中秋偶尔回去一次，毕竟一千多里路也不是很方便的事。姥姥、姥爷相继去世后，我妈每年回家就变成了一次，清明。虽然，大姨也会来上坟，聚到舅舅家一起吃饭，但我妈还是坚持每次回去都要先去大姨家一趟，雷打不动地给大姨拿去两包槽子糕，一些大大小小的旧衣服。一次，我妈给大姨买了件羽绒服，大姨说什么也不肯要，只是一个劲儿地说：“花这么多钱干吗！再说这么鲜亮的颜色，在村里我也穿不出门去呀，你还是拿回去自己穿吧……”我妈说：“就是件棉袄，没多少钱，你看你身上穿的这个，毛根都扎出来了，这里边装的根本不是羽绒，而是羽毛，你摸摸，多硬呀……”大姨象征性地摸了一下，面色平静地说：“哪里像你说的那么差，也挺厚实，挺挡风的。”我妈最后，以自己身体偏胖，穿着紧得慌为由硬给大姨留下了，这是我印象当中，大姨收过我妈的唯一一件新衣服。

3

印象中，大姨性格木讷，从不大声大语，大姨和我妈的交流，似乎多是我妈一句句地问这问那，大姨几乎都是"嗯""噢""这样呀"之类的应答话。不像我妈，高兴起来，哈哈大笑，不高兴了，发火儿像打雷下雨，难过的时候哭得惊天动地。记得姥爷去世那年，我妈正出国学习，舅舅和大姨知道就算通知了我妈，我妈也不可能准时赶回来，索性没让我爸通知我妈，直到我妈结束学习回来，才得知真相。我妈一路哭着坐车回老家，径直跑到姥爷的坟上哭得撕心裂肺、不止不休，大姨只是在一旁安静地烧着烧纸，偶尔念叨一两句："爹，二妮儿回来看你了。""爹，你也别怪二妮儿，她在外面忙事儿也是身不由己的，再说这事也怪不到二妮儿头上，要怪就怪我们，是我们没通知二妮儿……"我妈听到这话，哭得更凶，但看大姨，脸上却不见泪花儿，等看我妈哭得也差不多了，上前拉一把劝一句："行了，二妮儿，别哭了，人死不能复生，咱爹知道你回来了就行了，你要不听劝，把身子哭坏了，咱爹在下面，也不得安生。回了、回了，不哭了……"一边说，一边强拉起我我妈，替她扑干净身上的土，拽着她往回走。

我由此判断，大姨是个情商不高的人。

那次，我妈执意要把姥姥接到城里去住。但舅舅和大姨都没同意，舅舅说："你把老太太接走，这不是打我脸吗？我成不孝儿了。再说咱娘去你那城里也住不惯，上楼下楼的，还得整天在家里憋着，也没个熟人亲戚串串门啥的，没病也得憋出病来。"大姨说："二妮儿，你有这份心，咱娘就知足了，我觉得庆丰（我舅）说的也在理，咱娘还是在家里更自在些，我离着也近，会常来看咱娘的，大事小事都不用你担心。"

争执到最后的结果是，姥姥可以跟我我妈去城里新鲜几天。

4

到底，姥姥在我家还真没住满两个星期，就嚷着受不了，死活要回乡下。姥姥说："你们整天上班的上班，上学的上学，忙这忙那，把我一个人扔家里，这不就像关犯人吗？"我妈没办法，只好把姥姥送回老家。

直到姥姥去世，再没来我家住过。姥姥是被医院下了病危通知后，我妈才得知消息的。我妈心急火燎地跑回老家县城医院，连难过带生气地责问：“咱娘得病，你们怎么不跟我说一声……”

“有我们呢。”大姨说，还是像什么事也没有发生般的平静。

姥姥在弥留之际，拉过我妈和大姨的手，把我妈的手放到大姨手里说了句：“二妮儿，你大姐不容易。”说完就咽了气，我妈号啕大哭，大姨眼里也闪出泪花儿……

那是我第一次看见大姨哭。

办完姥姥的后事，我妈在老家住了两个星期，只在舅舅家住了一天，剩下的时间都在大姨家。

那次回来后，我妈有很长一段时间不爱说话，那一阵也正赶上我妈闹更年期，情况很不乐观，搞得家里人人小心，为此，我们还接大姨来城里住了一个星期。直到我妈的病症有所好转，大姨才回去，尽管我妈有些不舍，大姨只好一边劝慰，一边说家里离了她还不知乱成什么样子，再说儿媳妇也快生了，家里没个老太太哪里行，我妈只好作罢。临走，大姨悄悄对我说：“你妈一辈子争强好胜惯了，遇上什么事儿都爱着急，要是有些坎儿她迈不过去，会比别人难受好几倍，你们要多担待着点……”说得我眼一下子有些热热的，同时，也清醒地明白了，如此心细，知冷知热的大姨情商一点也不低，她只是不善于表达，或者知道有些事不用表达，做好了，才是关键。

这是大姨第一次来我们家。

5

我妈跟大姨说："姐，秋生在城里打工，你给他说，没事来家里玩，我是他亲姨，又不是别人。"秋生是我大姨的二儿子，在城里跟着一个小包工头干装修。就是头一年，来城里找活儿时，来过家里一次，同样是捎了一大包花生、红枣、核桃、黄豆、玉米面……吃了一顿饭就要匆匆走。我妈给秋生表哥买了一个手机，说有事往家里打电话。但秋生哥好像没打过。直到，我准备着结婚，买房子装修，给秋生表哥打电话，问他能不能找几个牢靠的人给我把房子装一下。秋生表哥接了电话，当天下午就来了，在我的毛坯房里转了一圈儿说，他那边还有点活儿，两天内忙完了，就过来给我装修，秋生表哥说他只会镶砖，别的什么改水改电，尤其是木装修的活儿还是要找别人，他可以给我找，但不保准是技术最好的，叫我先去大点的装修公司转转，实在不行他再给我找。我不知道，秋生表哥为什么不一揽子都给我承包了，或许有别的不便言说的，毕竟他只是个打工的，不是老板。于是，两天后，秋生表哥来给我镶砖，我叫他干完了活儿去家里住，我妈也来叫了几次，但秋生表哥坚持在毛坯房子里住，说这样可以多点时间赶活儿，我们也不好再强求了，我妈来送过几次饭，但秋生表哥红着脸客气地说："姨，从东城到西城，好几十里地，你不用走这么多的路，我一个大小伙子还能饿着自己不成。"

于是，我劝我妈也不要来回跑了，由我负责每到饭点儿，来叫秋生表哥一起在附近的饭馆吃饭。活儿干完的那天，我跟秋生表哥喝酒，我说："秋生哥，活儿干完了，你多喝点，别拘束着。"于是那天，我和秋生表哥两个人都喝了不少。我说："你以后，没事，就常来家里玩，咱这么近的亲戚，得多走动。"秋生哥有些酒意，说："这个我知道，但我们是干活儿的，没早没晚，有时半夜还在干活儿，出来，可不就为多挣个钱吗？现在乡下也不像从前了，什么都跟城里一样，都需要钱。再说了，我娘交待过我，说没事别光往你姨家跑，你姨上班挺忙的，你去了，人家还得照顾、支应着你……"

听到这里，我不知怎么竟然有种羞愧感，不知是为自己，还是为我妈，只好说："以后，咱哥儿俩多交往。"秋生表哥听了很高兴，眼神亮亮的，给我倒上酒，我们又连干了两杯，弄了个"哥俩儿好"。临走，我把五千元钱塞到秋生哥兜里说："别嫌少，我知道干这活儿多少钱，我也不少给，也不多给。”

秋生表哥瞪着眼跟我急了，生生地又把钱死死地塞给我，大声着说道：“你这是骂我，给自个儿兄弟干活儿还要钱，你当我成什么人了……”听着像是醉话，又不是醉话。

看他恼怒地坚持，我不好再跟他争执，只想着以后有个什么机会，把钱给他或给大姨。但结果是一直都没有实现。

大姨第二次来我家，是我结婚。

6

大姨就穿着我妈给他买的那件羽绒服，看衣服新旧的样子，像是从来也没穿过。

我妈见大姨来了，高兴得不行，就像家里来了主心骨。虽然大姨对我的婚事一窍不通，也帮不上什么忙，但我妈脸上的表情就是显得特别坦然、高兴。

婚礼头一天晚上，大姨掏给我妈一个红包，说：“春生（大姨的大儿子）结婚的时候，你给了三千，彬彬（我）结婚我也给这个数吧，过了好几年，现在钱毛了，别嫌少。”

我妈笑说：“姐，你看你说的这什么话，不在多少，就是这么个意思。”大姨笑：“对、对、对，就是这么个意思……”

然而，当晚半夜醒来，我上卫生间，却听见我妈跟大姨在卧室里争执：“你给什么红包呀，家里日子过得那么难，这三千你拿回去，我明天给记到彬彬的账上，差的数我自己补，叫他知道他大姨有这份心就行了。”

“二妮儿，你看你怎么能这样，彬彬结婚，我这红包是该掏的，你不是说就是那么个意思吗？再说了，我这当姨的要不掏，按家里的乡俗可是有讲儿的，会不好的，这钱我必须得拿……”

第二天婚礼，婚宴大厅里喧闹非常，我们被婚礼主持各种折腾，一会儿要讲恋爱经历，一会儿叫亲亲，一会儿叫改口，一会儿叫递茶，当然还免不了“煽情”的桥段：父子拥抱、母子拥抱、母女拥抱、父女拥抱，我还傻呵呵地听任摆布，而媳妇、丈母娘、我妈，都红了眼圈。这时，我不经意地瞥见坐在台下席桌上的大姨竟然也抬手抹着眼角的泪，我再抬眼看看我妈，这时，心里才有点小酸楚，差点想掉泪。好在很快就被推着各桌去敬酒还礼。

婚礼结束后的当天下午，大姨就要回去，尽管我妈一再挽留。秋生表哥最近也混好了，有了自己的包工队，还买了辆小车，来回也方便了。临走，大姨拉着我妈的手说：“都当婆婆了，以后性子得收着点儿，现在年轻人都娇贵，别惹人家媳妇不高兴，关键是别让你儿子夹在中间别扭……”

说得我妈直掉眼泪。

7

三个月后，大姨又来了省城，让我们有些猝不及防。

这次不是好消息，大姨病了。

脑梗，有点严重，昏迷。秋生表哥问我能不能在省城医院托个熟人，找个专家什么的。我妈这回坐不住了，心神不宁，慌乱不已，常常拿了这，忘了那。尽管春生表哥、秋生表哥劝我妈不必在医院守着，医院有人，有什么事，会打电话给她，但我妈就是固执地坚持，不离病床左右。我们只好商量好了，轮流值班。我和我妈一班，值夜班，因为秋生表哥白天有生意要忙。我常常困得不行，但我妈精神头儿看着好像特别大，眼几乎都不眨一下的。我妈不是着急地向大夫问这问那，就是在病房里抹眼泪儿，叹气。夜深人静了，我醒过盹儿来，我妈就跟我唠叨，知道我为嘛每次回去都给你大姨买槽子糕吗？9岁那年，家里穷，后邻居家张叔在镇上供销社里上班，常常拿回点心来吃，那时候乡下也没什么新鲜的，就是槽子糕，他闺女小颖常常拿着槽子糕跟我们显摆，我们那时候小孩子知道什么，就是嘴馋，羡慕，守着人家看，我们越是这样，她就越得意，有一天，小颖骂我“馋鬼”，我一下子就跟她急眼了，上去跟她撕打，结果，各自的脸都给抓花了，大人们就出来劝，小颖她妈还拿来两块槽子糕要递给我吃，结果让小颖一手给打到地上，还用脚狠狠地踩碎，一边骂着：“踩烂了也不叫你吃，就不叫你吃……”

当时，气得我死的心都有，但也只能哇哇地哭，你大姨就拼命往家拉我。当天下午，她竟然买回来一包槽子糕，塞给我说：“二妮儿，吃！吃个够……”我没出息地打开，往嘴里塞了一块，也递给她一块，我再一看，大夏天的，你大姨头上裹了个头巾，我上去一扯，她把辫子绞了，说卖了三元钱，我塞在嘴里的满嘴的槽子糕一下子怎么也咽不下去了，大姐哭了，我也哭了……

还有就是上学的事，因为家里穷，那时你小舅又小，地里活儿多，家里只好让你大姨晚上了一年学，帮着照看小舅。所以，我跟你大姨上一个年级。到了初中，要考中专，你姥爷就说供两个供不起，不能俩人都考，我为这事还跟你姥爷大吵了一架，说我们都考上了，不用你管，我们有手有脚，自己挣学费去。大姐什么也没说，只是不吭声，两天后，说不上学了，去了县里的棉纺厂当学徒工。其实后来，我听你姥姥、姥爷说过悄悄话，除了真没钱供我们两个之外，还说俩闺女不能都考出去，要不到老了身边连个伺候的人也没有。我不能怪罪他们的这种私心，农村的家庭思想基本都是这样的。

当时，我没主动退出，其实就是大姐把上学的机会留给了我，其实那时候，她学习成绩不比我差。要是她也能坚持上学，同样也能到大城市来。后来，我上中专，还有后来保送上大学，学费、生活费，大部分都是大姐在棉纺厂里“三班倒”一包包棉纱挣来的。要没大姐的当年，也没我现在的一辈子。

农村的日子，现在是比以前好多了，但从前那个穷，你大姨都一步步受过来了，每天在地里干最重的活儿，还要带孩子，没日没夜，没个歇，关键的是结婚没找对人，棉纺厂倒闭后，回到村里嫁了你姨夫，人长得倒是精神，只是中看不中用，好吃懒做，喝酒赌钱，跟人干仗，没有一样让人省心的。我一想，你大姨这辈子，我就替她亏得慌，但她却什么也没说过，她心里的苦，全自个儿咽了……

说到这里，我妈的泪珠子又一颗接着一颗。我却不知道怎么劝她。

8

好在，大姨经过一番治疗，终于渡过了难关，没有生命危险了，但一条腿栓住了，走路成了一顺撇的跛子。但大姨还笑着说："不赖，捡了条命。"

所有人，都替她忍着泪花儿。

能下床走路了，大姨就嚷着要出院，说有多少钱在这里也都能烧完了，就这样了，回家。

从此后，我妈再回老家，除了坚持给大姨买两包槽子糕，就是买一堆药，买最贵的，有时还托人买医院里的特效药。大姨后来不知从哪里打听了我妈买的药那么贵，说什么也不要我妈再买了。我妈说："我有医保卡，不用花现钱，在上面放着也是放着，又不能取出现钱来花。"

大姨说："那也不行，万一你哪天用得着。"

结果，这话儿没说多久，我妈还真用着了，并且问题严重。

我妈被查出了胰腺癌。我妈让人瞒着不让告诉大姨，但大姨最终还是知道了。大姨跛着一条腿，来医院，看见我妈化疗后，形容枯槁，头发光光的样子，哭得像个孩子，不停地哽咽："你说，好好的人怎么就得这个病了，怎么就非这样，还不如让我得……"

两姐妹哭得像生死离别。

最终，我妈没能抵抗过病魔的无情摧残，九个月后，瘦成了一把骨头，最终还是走了。

大姨一直守着她，寸步不离。

9

母亲的后事办完以后，大姨整个人也突然间一下子苍老了很多，头发全部白了，像顶着满头的雪。

秋生表哥来接大姨那天，大姨把秋生表哥支出去，叫他到楼下等。大姨从怀里的内兜里掏出一个存折，递给我说：“这是你妈工作后，一直到她生病，每次回家看我，给我留的钱。我说不要，但我争不过她，我也知道，我要是不收，她心里也不安生，我只好就给她收着。再说，我一个老太婆花不着钱，就是花钱，也用不着她的，我有儿子。彬彬，这钱你拿着……”

我慌忙地推还给大姨，说：“这钱既然是我妈给你的，那就是你的，我哪有再要回来的权力。”我说什么也不肯要，但大姨却执意给我，争执推让到最后，大姨掉着眼泪说：“人都是个命，本想着让她送我的，结果我这当姐的倒先送了她……”说到这里，大姨又哽咽不止。

大姨说："我以后岁数越来越大了，来这里也不方便，这就当你替我收着的，到时候多买点纸钱给你妈烧，别叫她在那边落单儿，别屈着……"

大姨的泪又满了脸，我的泪也满了脸。

大姨上前来抱住我的肩膀："彬彬，别哭，别哭，你这么哭，大姨心里就更难受呀。别哭，好好过日子，给你妈争气，你妈一辈子好胜惯了，你得叫她在那边安心……"大姨说着，转身往门外走，开门，开电梯，跛着那条腿，一步一步……

那个存折里有六万多元钱。除了回老家，看望大姨，这钱我不打算作任何用处，哪怕遇到再难的事。我希望一直给大姨买槽子糕，买到她100岁……

一件棉衣

1

将近岁尾，东子跟随省城的督导组到一个县里督查一项工作的进展情况，县城是东子的老家，本来是想抽时间回一趟乡下看望一下老父亲的，但行程临时有变化，要尽快赶回省城。东子只好去找了大哥。

大哥在县城里摆了一个水果摊儿。东子在超市里买了一些营养品，又在药店里买了一些父亲常吃的药，在从银行里取了一些钱，让大哥捎给父亲。东子提着这些东西去找大哥，出租车停在了大哥出摊儿的那个路口，赶上了红灯，东子看见了大哥的水果摊，也看见了大哥，但看清大哥的那一刻，他改了主意。

东子告诉司机掉头，又返回了超市。

2

东子回到超市，急匆匆上了二楼的服装区。东子在男装区选了一件厚厚的黑色羽绒服，付了钱，提着袋子又匆匆下楼，出了超市，重新打上一辆出租车。

东子在大哥的水果摊前下了车，喊了声“哥”，大哥有些惊诧，然后露出浅笑说：“老三，这不过年、不过节的，怎么突然回来了？”

东子说了来出差的缘由，也说了本想回家看看爸，但时间不允许。大哥说：“你不用惦记，咱爸有我呢？我一星期回去一趟，咱爸没事儿，还是老样子，放心。”

东子把给老爸买的东西一一跟大哥作了交待，最后掏出那件刚买的羽绒服：“哥，天这么冷，你整天在外面冻着，给你买了一件棉衣，你试试，不合适再回去调换。”

“花这钱干吗，我有衣裳穿。你在城里日子过得也挺紧的。”大哥显得有些激动地往身上试衣服，脸上的表情一下子浮现出暖色：“行、行、行，挺厚实，挺暖和的。”

东子跟大哥又扯了几句闲话，然后就要走了，大哥连忙拿了个最大的塑料袋，往里面装苹果、香蕉、橘子，直到装得满满的，再也装不下……

“行了、行了，哥。别装了，我带着也不方便。”东子说着阻拦的话，从大哥手里夺袋子。

东子上了出租车走了，坐到车里却两眼不停地一阵阵胀热，大哥不容易，做着这个小生意，把他和二哥，还有小妹都从初中供到大学。在县城上高中那会儿，大哥隔三岔五就来学校，给他送吃的、送衣服，没让他在学校受半点委屈。

娘还活着的时候说：“你大哥就是咱们家的老黄牛，你们将来不论走到哪里，都不要忘了你们有这么一个大哥。”

娘说这话的时候，大哥就说：“娘，说这个干啥。都是该做的。”表情羞涩得像个孩子。

3

转眼，就到了快过年的时候，按照往年的惯例，东子今年要在岳母家过年，因为爱人是独生子女，两个人商量好了的，一家一年。所以东子在年前，回家看望了一下父亲。

这天东子坐车回到老家看父亲。临走，父亲从衣柜里掏出一件厚厚的棉衣说：“老三，你大哥给我买了一件棉衣，我穿不惯，你拿回去穿吧。”

东子一看那件棉衣，愣了，这不是他买给大哥的那件吗？

东子心里一下子五味杂陈，想起大哥，想起一年三百六十五天，不管寒暑都在街上摆水果推的大哥……

什么是骨肉亲情，什么是生命里那些撼动不了的爱与温暖和不忘的惦念、牵挂，一件棉衣，从他手里出发，又回到他手里。东子想说出事情的真相，但东子又忍住了，没说出口。当东子坐上回程的车时，抱着那件棉衣，终于热泪滚滚……

原来，你什么都知道

1

自从梅彩走后的两个月，我家的门铃就没有再响过。那些来找她打麻将的人再也没有来过，可这天，门铃却突然地响了。

我怀着蹊跷趿着拖鞋去开门，一下子愣在那里。只见她提了个大纤维袋子，满头是汗，呼吸急促。也许是她不会开电梯，竟自己爬到了九楼来。我赶紧接过她手中的袋子把她让进屋里，只是还没等我去给她倒口水喝，她就皱起眉头叹起气来："你这日子怎么可以这样过……"凌乱的客厅里，茶几上是我和5岁儿子的晚饭：两盒方便面，一袋榨菜，还有我的半杯廉价白酒。

半年来连续的重大变故，已让儿子有了轻度的自闭症，儿子并没有开口叫“姥姥”，依然低着头用筷子拨拉着碗里的那半根火腿肠。她上前摸了摸儿子的头说：“日子再怎么凄惶，总不能委屈了孩子，还正在长个儿呢。”说着走到那个大纤维袋子跟前，解开扎口的绳子，从里面变魔术般地掏出好多吃的东西来：有花生、有红枣，还有晒好的薯条……

她捧了两大捧放在儿子面前，然后竟然又从袋子里掏出好几包蔬菜来，用的是我们原先回老家看望她买东西时超市里的塑料袋子，接着又风风火火地跑到厨房，十几分钟后，端了两盘香喷喷的炒菜上来。

我想象着她是如何坐了火车、又打听着坐了几路公交车来到我的家的，她只是个六十多岁的很少出远门的农村妇女，同时心里也感觉着特别的别扭。因为梅彩走了，我和她应该算是没什么关系了。

2

其实确切地说，半年前，我就应该和她没什么关系了，她的女儿梅彩和我离了婚。结婚六年，我们的房贷还差二十多万没有还清，我的工作也没有丝毫起色，收入低微，有了儿子后，日子更是过得捉襟见肘，而梅彩一直也没有找到哪怕能糊口的工作，巨大的压力让我一天天变得忧郁、木讷，终于有一天，梅彩对我说她过够了这种日子，她要离开。其实到后来我才知道她是去找了她的一个网友。可是天不作美，她还没有如愿地过上她向往的那种美好的生活，就在她新男友的一次醉驾中车毁人亡。

我没有解恨般的庆幸，只是感到苍白的荒唐和无助的悲凉。

而离婚的事，我们都还瞒着双方父母。梅彩的意外身亡，似乎也没必要再去让老人们徒增一份烦恼与悲愤，把这个不光彩的秘密埋葬、自然风化，倒也不失一个不好不坏的办法。

岳母性情朴实，为人和善，待人亲近，都说“姑爷是丈母娘的半个儿”，她待我倒像整个儿子，因为她没有儿子，只有三个闺女。我何苦说出这种丑事来让她烦心。只是当她说出来要在我这里住下帮我带孩子时，着实让我有些惊慌。

而她的理由却又让我找不出回绝的借口，她说：“你一个大男人又要工作，又要顾家，把孩子就耽误了……”

我说：“我想过要雇一个保姆。”她拉下脸来说：“我知道雇一个保姆要花多少钱，二妮儿（她的二闺女）在城里当保姆一个月工资两千元钱，就你那点工资，还了贷款还不知够不够你们爷俩吃饭的……”

我便羞愧了脸没话儿应回她了。

3

有了姥姥在家照看孩子的日子，的确让我轻松了许多，孩子脸上的笑也多了许多，我工作也踏实多了。业务也渐渐有了起色，日子突然就有日子的味道。

我还喊她“妈”，她也真像个妈一样每天嘱咐我这、嘱咐我那。

一晃一年过去，儿子就要升小学了。可开学前几天的一天晚上，她突然说要回乡下。

我说：“妈你怎么能走呢……”

她说：“孩子要上小学了，你就不用那么费心了。再说，梅彩已经走了一年多了，你也该再找个人，才算是正经日子……”

我的眼泪竟不知怎么一下子就下来了……

她像安慰个孩子一样安慰我说：“当然也不能随随便便的找，关键是得找个能真心跟你过安稳日子的，丑俊别挑得那么认真，重要的是得找个心眼儿好的，要不也委屈了孩子……”

说着，她的眼圈儿也红了，抬手用袖口抹着眼睛。

我和儿子送她去火车站，她牢牢地抱着儿子，儿子也死死地抱着她的腿一声一声地喊着："姥姥别走、姥姥别走……"叫得让人心一阵阵扯得生疼。

最后，她不舍地安慰儿子说："姥姥家里还有小牛、小羊要喂的，等喂大了给彬彬宰肉吃……姥姥一定会再回来看你的。"

她回去后，儿子哭闹了好几天，每天我下班回家他都缠着要给姥姥打电话，一打就是十几分钟。但小孩子忘东西总是快一些，渐渐地在学校里有了新朋友、新玩趣，电话也就打得少了。但半年之后的一个周末，儿子放学回家来，突然说要给姥姥打电话。

儿子说老师下周要同学们在班里介绍"我的一家"。也许儿子这才又意识到除了我，姥姥才是他最亲近的人。

电话打过去，却成了空号。

4

儿子不高兴，闹着非得要找姥姥，要不他下周上课没办法向老师交代。我说："我正好去武城出差，要不带你去看看姥姥吧。"儿子立刻欢呼雀跃起来。我们在超市买了两大包营养品，儿子竟然还能想起姥姥最爱吃黑芝麻糊。

可是等我们赶到村里时，姥姥家的大门竟然紧锁着。

向邻居打听了后，心一下子冰凉地惊慌：姥姥得了癌症住院去了。

我们赶到县城医院的时候，姥姥的头发都已掉光了，躺在床上睡着了。二妮儿跟我说姥姥病了有半年多了，从你那里回来后不久就病发，送进医院来，诊断已是晚期了。

我忽然像明白了什么，眼睛一阵阵鼓胀温热……

晚间的时候，姥姥醒了，看见我们，很是惊讶，接着嘴唇抖动，伸过手摸着儿子：“彬彬又长高了呀……”

过了一会儿，她说要二妮儿带孩子出去玩一会儿，有几句话要跟我说。

二妮儿带孩子出去后，姥姥沉默了片刻：“我不是不想给你带孩子了，是我这个身体实在带不动了。还有一件事，我想也到了说清楚的时候了，我们家亏欠你呀，梅彩亏欠你，她做人不对，伤了你，她对不起你和孩子……”

我吃惊地望着她，她说梅彩的事其实她后来听闻了一些，从一个和梅彩一块打工的同村的姐妹那里听说的。她说：“我这个当娘的都觉得心里亏得慌，可就是苦了你跟孩子。”

我说：“妈，你别说这些，都过去了。”

最后她好像满怀期待又满怀疑问地问我：“你找着合适的人了吗？我知道你一直是个老实的孩子……”我内心五味杂陈，但我还是丝毫不犹豫地对她说：“妈，处了一个，人挺好，挺喜欢孩子的……”

她流着泪捉过我的手说：“人好就好，人好就好……”

我的泪终于再没能忍住。

姥姥的枣树

1

每一个生命，都是这世界的宝贝。无关美丑，无关贫富，无论你光芒四射，还是平凡如一棵小草。你总会是一个人的宝贝，也总会有一个宝贝是你的。

这宝贝不是权势、不是钱财，也不光华荣耀，与那些都无关，这宝贝是生命的温度。你的温度是一个人给的，然后你因为这温度而存在，也因为这温度而幸福，也幸福地用这温度去温暖别人，那些生命中，你爱着的人。

那些温度，终汇成生命的河流，在你的幼年、青春、成长，也包括苍老，春花秋月，草木荣枯，一切必然的经历中，不息地流淌；让你感觉到：这平凡的人世，你从来都不是孤独的。

记忆中，给我初次温度的，是姥姥。

2

那时的姥姥梳着花白的头发，却一丝不乱，身上一件白洋布侧襟盘扣的袄褂，显然是穿了不知多少年，泛着岁月的灰白。中屋的门槛前，她坐在一只四条腿儿的小枣木凳上，早春的阳光，洒了她一身。

姥姥脚前的簸箩里，堆满了红红的枣儿。这些枣儿，是她的财富，也是她的希望，也包括牵挂。

姥姥一辈子生了六个女儿，没生一个儿子，这让她在经常无端咆哮的姥爷面前，总是无声地忍让，也无声地操劳；或者至多说一句："你这倔老头子呀，真是上辈子欠了你的……"

姥姥这一辈子喜欢枣儿，也离不开枣儿，因为枣儿有用。姥姥用房前屋后的那一片枣林，一年一年，为六个女儿都准备了"跟帮带流儿"的嫁妆，没让一个闺女嫁得丢人。

每嫁一个闺女，姥姥就哭一回，到最后，不哭了，因为最小的女儿也嫁了。从此后，她再没得哭，而是将眼泪都变成了一句一句语重心长的嘱咐：“跟人家好好过日子，穷富不是要命的计较，和睦才是长远的根本……”

姥姥的每一个女儿都嫌她唠叨，不耐烦，心里有委屈、有气的时候也跟她吵架、顶嘴。到最后，女儿们也都老了，吵不动了，姥姥也更老了，老到只剩下最后一口气的交待：“你们都好好地过……”

她的六个女儿，哭了一场又一场。也终于明白：当娘不容易，当六个女儿的娘更不容易。

3

我娘是老三，生我的那年，难产病重，之后一直身子羸弱。所以，我成了姥姥的十一个外孙、外孙女当中，姥姥带得时间最久，疼得最多，也惯得最不像样子的孩子。

我是姥姥带大的。我是姥姥的宝贝。

平凡的人世，总有些记忆被时光偷走，也总有些怀念让人历久弥坚。姥姥的温度，是那么刻骨情深，一点一滴，如丝如扣，长在我的生命里。

姥姥每年把打下来的那些枣儿，都一一筛选，分类装进不同的口袋里，上好的、中好的、一般的，基本都是卖掉，换回一家的柴米油盐，也慢慢攒下一些钱，以备急用。所谓的急用，基本都是给了她六个女儿，上学、出嫁、孩子生病，没有让一个人为过难。

姥姥卖枣儿的钱，成了她们的“大救星”，让她们心里坦荡，让她们不害怕。

品相不同的枣儿卖不同的价钱，这是姥姥的精打细算，姥姥说这样卖的钱会比掺和在一起卖，卖的钱多。姥姥没上过一天学，大字不识一个，但姥姥的这份“细算”，不输任何精明的商人。到最后，家里剩下的，那些干瘪点的，姥姥也是细细再挑一遍，有虫眼儿的是坚决要扔掉的，毫不犹豫。姥姥说：“被虫子钻了虫眼儿的枣儿，即使外面看着再红艳，吃到嘴里也是苦的，因为心儿坏了。”后面的话，姥姥没说，长大后我明白了，其实她是告诉我们：人也一样。

姥姥把这些不怎么好的枣儿，用水煮了，然后晾干，那些枣儿照样也能变得肥肥厚厚，甜软如蜜，然后用这些枣儿，给我们蒸枣馍吃。姥姥家，一年四季都有枣馍吃。

姥姥也拿这些枣儿送人，送邻居，送村子里相互帮衬的人，积人缘，还人情，用她最朴素的道理和最平常的物什——她的枣儿，交人、善友，一生与人和气，不争锱铢，满怀慈悲。

4

我当然也成了那个吃枣儿最多的孩子。姥姥坐在门前抱着簸箩认真地挑枣儿，我就给她捣乱，冷不丁往簸箩里抓一把，往嘴里填，姥姥便急促地一声声叫着：“小祖宗，小祖宗，吃物莫争嘴，行事莫贪急。要命的来……”一边捉住我的小手，一边从那几颗枣儿中挑出一个最肥大的，先看看有没有虫眼儿，待放心了，才嗔怒地一下塞到我嘴里：“记得吐核儿,把核儿吃到肚子里，要长出树来，可了不得。”

我便一下子被吓住了，顿时止住了嘴巴，瞪着无辜的大眼睛看着她，她却“扑哧”地笑了，跟我一样，也像个孩子。

长大后，我知道当然是长不出树来的，但却时常做同样的一个梦，梦见自己身体里长出了一棵树，一棵大大的树，树上结满了红红的枣儿，颗颗都比苹果还要大。姥姥仰头站在树下，看着满树硕大奇丽的枣儿，万分欢喜，说：“咱们祥娃，还真有本事呢，果然把树给长出来了……”

晚上睡觉，被姥姥搂着，无比温暖。那是一个三四岁孩子，最安全温暖的依赖，不怕做噩梦。有噩梦也不怕，有姥姥在。那时冬天冷，姥姥做晚饭时，就在灶膛里埋一块老砖，睡前用一块粗布包好，给我暖被窝，或者叫我抱着，冰凉的被窝儿，便会慢慢变成一个春天。

夏天，蚊子咬，那时候没有蚊香，一把蒿草把屋里熏得烟气腾腾的，还是赶不走拼命急着喝人血的蚊子，姥姥就用一把大蒲扇不停地给我扇，直到我尿急起床，时常看见她手里举着扇子，打瞌睡。

5

那时候穷，乡下没多少吃食，吃枣儿早已不能满足我的“馋欲”，偶尔有来村子里卖糖葫芦的，姥姥不在家，我就缠着姥爷给我买，但姥爷不给买。姥爷很凶，姥爷阴着脸说：“不能惯你这馋嘴的毛病，一个小子，长大了没出息。”我哪里管什么有出息、没出息，我就委屈着抹眼泪儿，到最后哇哇大哭，并在地上撒泼打滚儿，耍无赖。

姥爷很顽固，我也很丢人。

但往往要是姥姥赶回来了，连忙地扯起滚了一身土的我，拍前拍后地央告：“小祖宗，小祖宗，不要把脸丢到姥娘门儿上，要不将来讨不到老婆……”一边说着，一边扯着我追喊着那卖糖葫芦的：“大兄弟、大兄弟，等一等……”

一支糖葫芦塞到我手里，我便开心了，一脸脏痕地不停地往嘴里舔，赖皮终于得逞，那副样子，真是狼狈可怜，又叫人笑话，很丢人。

姥姥用食指戳我的脑门：“你呀你。”

关于“讨老婆”这件事，第一次被“提上日程”的，也是姥姥。

邻居家有一个小芬姐，9岁，长得极好看，扎着两条大辫子，总有用不完的红皮筋，时常在院门前玩跳房子，我也想跳，她不让，吼我“笨”，还骂我：“臭小子，不要跟着瞎掺和。你不应该在这里，你应该滚回你家里去……”

我就很受伤。但我不敢反抗，我怕她，因为她一发怒起来，会用尖尖的手拧我的脸蛋儿，疼得要命。我只有等她和她的小伙伴们不跳了，上去用脚拼命地抹掉她们画的“房子”，解气报复。

很没出息。

有一次，我被欺负急了，骂她：“你再凶，叫你嫁不到人。”但她却不当回事：“不嫁就不嫁，干你屁事。”

我便没有新的办法对付她了。

到后来，我改变了对小芬姐“嫁不出去”的诅咒，是因为姥姥。

6

那时我又大了两岁了，5岁，长个儿，身上的衣服总是穿不了多久就变短了。姥姥一边不停地给我做着衣服，一边教导我：“祥娃呀，长大了哟，长大了要有出息，不能光长个儿，不长出息。不能贪嘴，不能骂人，不能捣乱，要像个大人，懂礼貌，心里要装事儿，要抬眼看远处的事儿。”

长大了，我才知道姥姥说的这个叫“理想”，人得有追求。

姥姥教育了我一番后，就安慰我：“只有你长大了，长得有出息，才能不怕人，不怕事，也才能娶到好老婆。这样，你听话，长出息，长大了我叫小芬给你做老婆好不好。”

我听得很鼓舞人心，也渐渐地变乖了。我的“乖”不是听话，而是见了小芬姐不再害怕，因为我心里暗想“你迟早要做我老婆的，到时候我看你还厉害不厉害。”

然而，我6岁时离开姥姥了。

我被接回我家了，因为我要上学。娘的身体也渐渐好了起来。

临走的那天，姥姥抱着我哭，万般舍不得，好像割她身上的一块肉，好像我走了，就像要了她的命。我原本只顾着回家的高兴，一下子也被她弄得想哭。我还不懂别离，但那一刻，姥姥死死抱着我不愿撒手的样子，叫我心里一阵一阵地发紧，也懵懂地感觉到，生命里的确有一种温度，是以命相依的。

到最后，我傻乎乎地说了一句：“记得，给小芬说，叫她做我老婆。”姥姥一下子破涕为笑了，脸上的眼泪都开出了花儿。

当然，小芬姐终是没做成我老婆的。听说，后来她很努力地学习，学到美国去了，嫁没嫁人，或者嫁了一个什么人，我无从知道，也无关紧要。

7

回到自己家后，姥姥每隔七八天就来我家里一趟，姥姥不会骑自行车，十几里的路，都是姥姥挎着沉甸甸的包袱，颤巍巍地一步步走来，走到我家时，头发也乱了，脸也红了，裤管上全是土。见了我后，从包袱里一样一样地往外掏东西，红枣儿，冰糖，铅笔，文具盒，给我做的小衣服，小鞋子……

然后摸着我的头说："祥娃，你真出息了呢！上学好好学，考个第一，姥姥脸上也有光……"

姥姥在这里吃完晌午饭，帮着娘做些活计，就说要回家，娘说："在这里住一宿吧。祥子晚上睡觉光说梦话喊姥姥。"但姥姥到底没在这里住过，说姥爷一个人在家，怕吃不上饭。

六年光阴，姥姥来来回回，从她家到我家，从我家到她家，不知跑了多少路，一直持续到我上初中，去镇上的学校住校了。

我也终于长大了，而姥姥也眼看着一天比一天老了。

8

后来，我上高中，上大学，一步一步远离农村，也远离了姥姥。那段日子，我感觉我慢慢地将她忘了，忘得不那么在意，忘得梦里渐渐没有她了。

姥姥呢？也渐渐忘了我吧。

我只是每年春节去姥姥家一趟，给她拜年，给她磕一个头，她把所有吃的东西，都拿出来，在炕上堆一堆，不停地催我："吃、吃、吃。祥娃，吃……"

我眼里竟能滚出泪光来。

姥姥，真的是老了。

姥姥走的那年，是我刚刚参加工作的时候，挣了两个月的实习工资，我给娘寄回去，我说给姥姥两千。

但姥姥没花上。

我请了假回去奔丧，姥姥成了躺在冰棺里那个再也不会说话的人，再不会说一句“小祖宗，小祖宗，吃物莫争嘴，行事莫贪急。要命的来……”再也不会说一句“祥娃呀，长大了哟，长大了要有出息，不能光长个儿，不长出息。要抬眼看远处的事儿。”

而姥姥带大的外孙子，有出息或没出息，姥姥也不能知道了，享不到她外孙的福了。

但姥姥的枣树，终于在我的梦里长成一片郁郁葱葱的枣林，年年开花、年年结枣儿，年年给我丰厚的馈赠与鼓励，叫我知道：好好努力，好好努力！

第四辑

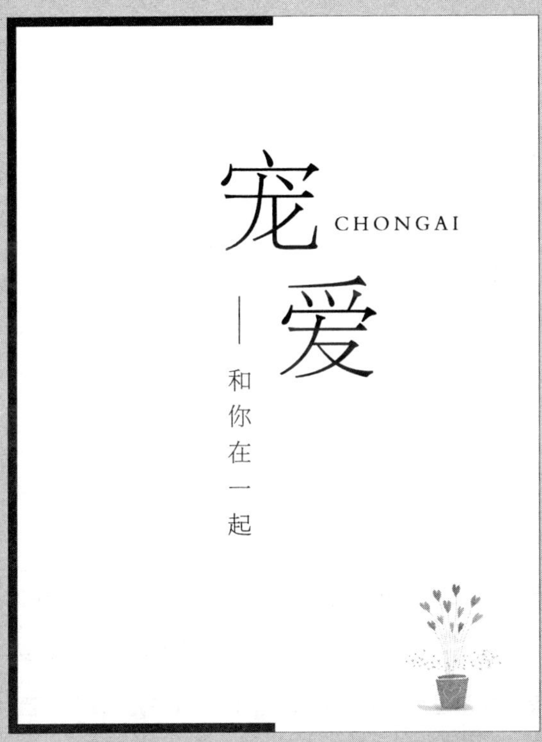

宠爱

CHONGAI

和你在一起

你可能不是天下最漂亮的孩子，也可能不比邻家的孩子聪明，但你永远是我最可爱的宝贝。此生，唯愿你健健康康，快乐成长，努力做那个你喜欢的自己，没有什么比这更重要、更令人幸福的事了。

冬 雨

清晨，忙碌拥挤的街口渐渐稀疏、平静下来。应该是下雪的季节，却还是来了一场雨，雨不大，淅淅沥沥，迟迟缓缓。36岁的冬雨，刚刚送完女儿，在学校门口一旁的便道上，目送着9岁的女儿一步一步走向学校，那只“花花姑娘”图案的书包，还有“米奇”图案的小红伞，缓缓地向学校门口移动，像一只蝴蝶，又向一只划向湖心的小舟。

每次，送女儿来上学，冬雨都是这样，一路目送，直到她再也看不到女儿那个小小的身影，才肯离去。尽管，这看起来不算什么，也许天下的妈妈都是这个样子，但冬雨还是觉得自己是天下最伟大的妈妈，或者说她和天下所有伟大的妈妈都一样。

女儿也是，每天下了电动车，接过冬雨递过来的书包和水杯，说一声："妈妈再见。"尽管一切看起来都那么平常，但冬雨还是觉得那是天下最温暖动听的告别，一句"妈妈再见"，就像一双小手在她的心里，把她轻轻抱了一下，好像在说"妈妈，我去上学。妈妈，我会很懂事的。妈妈，我上完了课，就会很快回来呀，我们就又在一起了。妈妈，我爱你！"

冬雨也好想说那一句"宝贝，我也爱你！"

孩子，永远是这个世界上最可爱的精灵，也是妈妈的世界里最可爱的精灵。不管在外面多忙、多累、多难，遭遇多少烦恼，要受多少委屈，一旦见了孩子，心还是会变得柔软。

尽管，女儿也耍过小性子、闹过小脾气，不争气地受过委屈之后，不吃饭、不洗脸、撕本子、摔东西，哭哭闹闹不休。她也跟她生过气、上过火、着过急，甚至实在忍受不了了，拽过她来，打过几下她的屁股，但一切过后，她还是一如往常，把吃的、穿的、用的，都为女儿准备到最好，准备到她最满意、也最喜欢。

小孩子总是不懂得记大人仇的，刚刚还跟你无理取闹，翻眼噘嘴，一会儿又撒娇卖萌地"妈妈这""妈妈那"了。当然，大人也一样，没有一个父母会真得恼怒自己的孩子。哪怕，她真的不争气，真的跟你不讲理。

一到晚上，她睡着时，你看着她安静地闭着眼睛，合着长长的睫毛，饱满光洁的额头，挺挺的小鼻子，肉肉的小嘴巴，灵巧的小耳朵，细细长长的刘海儿，还有不舍得摘下的蝴蝶结……

一切的一切都似乎是天下最极致的完美，因为她是你的。所以，她永远都是最好的那一个。

你瞅着她这小小可爱的样子，听着她匀称、温暖的小呼吸，好像那是世界上最动听、也最温暖的声音。不管窗外的世界有多少风雨泥泞，而你和她的这份陪伴与相互拥有，就是温暖的全世界，只有你们两个的全世界。

看着女儿最后一眼的背影消失在学校门口的拐角处，冬雨这才急忙地骑上电动车，拐弯、给电，冲进车流人潮，风风火火地去奔赴她必须要面对的“战场”。而在那个“战场”里，她不再是女儿面前柔情的妈妈，也不是家里柴米油盐的主妇，她必须像一个勇敢的“斗士”，不怕一切艰难辛苦，不惧一切繁重劳累，甚至无情冰冷残酷，不向任何困难低头……

妈妈这个角色，从来都不是因为自己而伟大，而是因为有了孩子才不凡。都说“儿要感母恩”，而妈妈其实也在内心深深地感谢孩子，她来到你的世界，也给了你那么多，正是这份拥有，让你有了去面对一切的勇气。

和你在一起

1

“换纱窗、清洗油烟机，换纱窗、清洗油烟机……”入夏以来，在每个小区里，几乎每天都能听到这熟悉的声音。只是这声音不是刺人耳膜、不停地重复叫嚣、扰人的电子喇叭声，也不是粗犷大汉的豪放叫嚷，而是一个清清脆脆的小女孩儿的童声。

走下楼去，看见一个头发蓬乱的中年男人骑着一辆旧得已不像样子的电动三轮车（二手市场组装的那种），车上放着做活儿的各种工具，还坐着一个七八岁左右的小女孩儿。那“喊活儿”的声音应该就是这坐在车上的小女孩儿喊的。小区的大爷、大妈都特别照顾这对父女的生意，觉得一个大男人带着个这么大的孩子出来做活儿挺不易的。何况那个男人还是个哑巴。人们好奇这么个年老的哑巴，怎么会有一个这么漂亮的女儿。大家纷纷议论，但又不能从哑巴那里得到答案。

2

小孩子总是藏不住心，管不住口的，多事儿的老太太们就问小女孩儿。小女孩儿说，爸爸带他来城里干活儿，等挣够了钱，就带她去找妈妈。人们问她妈妈在哪里，小女孩儿说“不知道”。说这话的时候，小女孩的表情看不出悲伤，只是眼里闪着亮亮的希望。小女孩儿会用简单、不标准的手语和爸爸交流，毕竟她没有受过专业的手语训练。男人也一样，手语并不规范。不过我基本能和男人交流，我是一个聋哑学校的老师。男人也能写简单的汉字，表达自己的意思。我一个大男人当然不会去无聊地八卦他的种种，只是简单地了解他的生活状况。知道他是从七十里外的村子里来的，村里的地被一个大企业承包了，全部种了油葵，虽然每年每人有一千多元的占地补偿，但总不够吃、花。另外，他还说只有他一个人有占地补偿，小女孩儿没有。

因为从事着一份与残障弱者群体打交道的工作，所以有着职业的同情和悲悯之心，更知道如何在尽量不伤害他们自尊心的前提下与他们交往。男人也因我的职业与我产生了亲近。一来二去，相熟了，我给他送点开水，给孩子拿过几次水果，他竟也自然地把我当成了可交的朋友。

小女孩叫朵朵，7岁。我告诉他朵朵应该到了上学的年龄了，老这么带着她每天在外面奔波毕竟不是长久之计。他有些羞惭地苦笑，用手比画着说他也不想，只是自己没那个条件。我告诉他，不需要条件，现在的小学、初中是九年义务教育，是不花钱的，国家负责。他有些惊喜，但到最后还是有些落寞，担心地向我比画着：城里的学校允不允许朵朵在这里上学。我告诉他不用担心，如果朵朵去上学的话，我可以帮助他联系学校。这时他的惊喜变成彻底地高兴与感激，不停地冲我竖着大拇指，然后还不由分说地非要免费帮我换纱窗、免费清洗油烟机，容不得我推辞。当然，最后我还是给了他钱，他接着我硬塞到他手里不容他再推回来的钱，手有些颤抖。

3

朵朵听说可以去上学了，高兴坏了，像只快乐的小鸟，欢呼雀跃。看着朵朵天真开心的样子，我心里也升起一阵暖意：天下的孩子，没有一个是不可爱的。只是朵朵担心地说，自己要是去上学了，谁来帮爸爸“喊活儿”呢？

那一刻，我的心不由自主地抽动了一下，竟有某种东西往眼眶上撞，这么小的孩子竟然能这么懂事。我笑着说：“没关系，叔叔帮你想办法儿。”我带他们去买了一个电子喇叭，让朵朵在里面录好了“换纱窗、清洗油烟机”的录音，放给朵朵听，朵朵这才满意地笑了。

几天后，我帮朵朵联系好了学校，告诉他得拿户口本和身份证来。哑巴男人拿来了户口本和身份证，我告诉他叫他放心，过不了几天朵朵就可以去上学了。我拿着他的户口本和身份证来到提前联系好的那所小学，把户口本交到负责安排新生入学的校长手里的时候，校长打开户口本一下子愣住了，然后苦笑着指着我说：“老王，你什么时候也学会这套了？”我丈二和尚摸不着头脑看过去，校长从户口本里抽出两张一百的钞票来。我这才拍着大腿说：“误会、误会，一定是那个哑巴老哥偷偷塞到里面的。”校长也跟着一起苦笑，但他对照着户口本往电脑里登记信息时却一下了惊愕地停住了手。

校长说：“不对呀，老王，你过来看。这里面根本没有孩子的户口页呀，没这个，怎么给她申请办理学籍呀？”我忙慌地跑回去找到他和朵朵，问朵朵的那一页户口怎么没拿来，问到最后，总算弄明白了：原来朵朵根本就没有户口。他告诉我乡里的派出所不给他上，他去过好多次了，人家就是不给上。我开车带他们回乡下老家，到村里开了证明，看看能不能帮朵朵报上户口。于是知道了发生在他身上的故事。

4

八年前，他外出做活儿，一天晚上回家的路上捡到了一个浑身发烧的女人，他把她送去诊所打针输液，女人退烧醒来后却说不出家在哪里，诊所的大夫用手比画告诉他女人脑子有毛病，叫他最好把女人送到派出所去。可是等他把女人送到派出所门口时，女人像吓坏了似的，说什么也不肯进去，还咬破了他的胳膊。没办法，他只好把女人带回了家。村里的人都起哄哑巴撞大运捡了个媳妇回来，他羞红着脸，却张不了口辩解。他给女人收拾出一间屋子，给她做饭吃，让她坐在炕上看电视。女人还真喜欢上了这种生活，女人不想走了，其实过了半个月之后，他心里也不想让女人走了。村里人起哄的热闹劲儿过去了，倒也生了真心的希望，就劝他干脆留下女人一起生活吧，他只好默认，反正赶女人走，女人又不走。

八个多月之后，女人生了朵朵。把他高兴坏了，更让他高兴的是，女人的疯病竟然见轻了，知道每天做饭、打扫屋子了，只是唯一不让人满意的是看他的眼神变了。结果，朵朵过完人生的第一个生日后不久，女人就偷偷地走了，一句话也没留下。他着急地四处找过，没找到。没有结婚证、没有准生证，要什么证没什么证，派出所当然没法给朵朵办户口，朵朵就成了“黑孩子”通过向村里人打听，我们基本确定了朵朵妈的名字。我们在网上发了通告，并去派出所备了案，看能不能借助警方和网络的力量找到朵朵妈。如果找到她的话，那问题应该比较好解决了，朵朵总会得到一个合法的身份。

三个月之后，朵朵妈果真找到了。她远在千里之外的另一座城市，并且有了新的婚姻和家庭。只是令人伤心的是，朵朵妈并不同意来看朵朵。后来，经过几番联系和劝解，她终于答应来看朵朵一次。见面的那天，朵朵没有扑上去叫“妈妈”，只是呆呆地发愣，小手死死地扯着爸爸的衣角，大概心里有某种害怕与恐慌。

按照要求，去做亲子鉴定，然后补办出生证明，之后给了朵朵一个合法的身份。但亲子鉴定结果出来以后，令所有的人惊诧：朵朵是妈妈的亲生女儿不假，但却和哑巴男人没有半点血缘关系。

当他得知事实的真相后，身子一晃，登时栽倒在地上。事实的真相是朵朵妈精神失常，离家出走之前便有了身孕，之前的丈夫在四处寻找朵朵妈的过程中也失踪了，至今没有下落。幸运的是，朵朵妈经过生育朵朵这一关，精神竟然渐渐恢复了正常。朵朵妈说要带走朵朵，他没办法不同意。朵朵妈给了哑巴男人一张三万块的卡，他没有接，坐在医院旁边的那家小餐馆里一直不停地抽烟。我也心情复杂地用手语告诉他“如果朵朵妈执意要带走朵朵，你没有阻拦的权利。或许朵朵跟着妈妈走，会有更好的生活，能够顺顺利利的去上学呢……”他终于捂着脸哭了起来。你知道，哑巴的那种哭声是能让人一下子就心碎的。

5

朵朵走了以后，哑巴男人一直是伤心的表情。来小区里换纱窗、清洗油烟机当然就是靠我给他的那个电子录音喇叭了，他的脸上也没有了从前那种憨憨的笑容了。有一次物业公司新来的一个小伙子嫌他的电子录音喇叭吵得慌，夺了去，他发疯似的跟人恼了，两个人在楼下打了起来。结果是，派出所来了警察把他押上了警车。听说，后来让他赔了那小伙子三百元钱的医药费。从此，他再没来过这个小区换纱窗、清洗油烟机。我在街上也没有碰到过他，不知他回了乡下，还是去了哪里。

转眼一年过去了，又到了暑假，一天我去一个朋友家串门，在朋友家的客厅里竟然又听到了朵朵的声音“换纱窗，清洗油烟机……”我连忙跑到楼下去。果然看见朵朵穿着一件漂亮的红裙子坐在他的三轮车上还是像以前一样一声声仰头喊着。朵朵见了我，高兴地叫叔叔，我一把将她抱在怀里，哑巴男人依旧像从前那样对我憨憨地笑。我问朵朵怎么回来了。朵朵说，以后每个假期都回来跟爸爸过，和爸爸在一起。我的眼眶又一下一下地被撞的生疼、生疼，但心里却那么温暖，还有我们三个人脸上的微笑，都那么温暖……

有一种爱，不是我能在你那里能得到最好的生活，而是我已与你“以命相依”，有一种爱叫：我离不开你，我要和你在一起。

爱，从不缺席

1

他坐在办公室里不停地抽着烟，眉头紧得像丢了钥匙打不开的锁，烟灰缸里丑陋的烟蒂都堆成了高高的小山。他刚才给她打电话，连打了三次，她没接。半年前，他跟她离了婚。

他不知道，她是没带手机，还是带了手机有事调了静音，还是故意不接，各种猜测在他的脑际纷乱纠缠，焦虑上火，但他下定决心今天必须要见到女儿。

女儿今年6岁，刚刚上小学一年级。离婚的时候儿子判给了他，女儿判给了前妻，法律上看似分担得公平、公正，但事实上在人的心里总像是一块月饼被掰成了两半。儿子13岁，去了住宿的初中，似乎没什么让人担心的了。独独这个小女儿，让他心里万般的不舍。都说女儿是父亲上辈子的情人，父亲这个不管如何粗放的角色，一旦到了女儿那里，也会现出万般的温柔。

何况今天是女儿的生日。

所以，他想，今年女儿的生日，自己必须得像往年一样不能缺席。

2

前妻已再婚，女儿又有了一个“爸爸”，他不知道女儿是如何面对这一切的，一想起这事来，他心里就万般纠结，像是被什么扯得生疼，他甚至常常脑海中浮现出女儿望着一个陌生男人时，那双无辜懵懂的大眼睛……

一想起这些，他就止不住地想哭，眼圈鼓胀得生疼，好几次到底还是落下了泪来。

离婚的原因，在这里说出来倒显得无聊了，反正，这年头，有各种新鲜与八卦，但只有一个铁定的结果那就是：婚离了。

他的公司刚刚起步，就遭遇了困境，就在刚才，他已强撑着“打发”了六拨儿上门要账的人，甚至还推掉了一个比较重要客户的饭局。因为，他觉得今天没有什么比他女儿的生日更重要。

他的婚姻破产了，他的公司也濒临破产，但他无论如何不允许他和女儿之间的爱也陷入破产的悲哀结局。孩子还小，也许她很快就会被一个新的环境容纳、同化、影响，小孩子也总是容易接受一个新环境，忘记原来的家庭，那样的结果，对他来说，太可怕了，也许他这个爸爸很快就被忘记了。一想到这里，他就坐立不安。

所以，他绝不允许那样的结局发生。

他也不知道，自己这样做对孩子是好还是不好，但他顾不了那么多了。他是她的爸爸，她是他唯一的女儿，这一切，他不允许有丝毫改变。

于是，他迅速地走出门去，锁上办公室的门，将车向女儿的学校快速地开去。

3

来到学校，学校正好放学。他知道女儿是一年级一班，于是，他在人山人海般接孩子的拥挤人群里费力地挤到人群的最前面，中间一个被挤的人还骂了他一句“没素质”，他充耳不闻，他只想第一时间见到女儿，接到女儿。

他翘首焦急地探寻着“一年级一班”那个小木牌，终于，他看了，老师领着排着队，齐声读着“三字经”的孩子们往外走，他的目光一刻不放松地寻找着女儿的身影，因为他不知女儿今天穿的什么衣服，辫的什么发型，只看见乌泱泱一群小黑脑袋，所以寻找起来，特别的费力。

但他还是第一时间就发现了女儿，因为女儿那大大的额头，那在他眼里是世界上独一无二的额头，并且是最漂亮的额头，当然也是最聪明的……

女儿今天扎了个小马尾辫，真精神、真漂亮，在他眼里，女儿也是世界上最漂亮的女儿。

他兴奋地几步冲过去拉住女儿的手，却被老师喝声阻拦，警告他到指定地点接孩子，不能影响队伍前行。他尴尬地羞红了脸，且歉且退，倒退着脚步，跟着队伍到了孩子们站队等家长的地点。

女儿见了他，脸上露了一下笑容，但很快又撅起了小嘴，好像在为刚才他的不礼貌、不守规矩而生他的气。他也露出尴尬的羞愧，觉得自己给女儿丢了脸，真是不应该。

他搂过女儿，想紧紧地拥抱，但又不敢太用力，怕女儿讨他的嫌，只好用长长的臂膊轻轻地把女儿环住，然后问东问西，问她今天上的什么课，学了哪些内容，问题难不难，有没有全做对，老师有没有表扬她，问她有没有喝水、下了课有没有去厕所，上了一上午课累不累……

4

女儿有一搭没一搭含糊地回答他的问题，但他却把每一句都认真地记在心里。

然而，所有的孩子都接走了，他却还在原地用臂膊环抱着女儿，老师有些纳闷，这父亲怎么来了这么半天，怎么不把孩子接走呢？就问了他一句，这一句问，把他一下子问红了脸，半天不知道怎么回答。这也的确是他的尴尬，自己的女儿，来接她放学，但又不能把她带走。因为，他还没有联系上女儿的妈妈，在没有女儿妈妈同意的情况下，他是不能把女儿接走的。亲生父亲不能把亲生女儿接走，就是这个事实，妈妈是女儿的合法监护人，他不能破坏这个规矩。

“等她妈妈一起来接。”他半天才憋出这句话，老师似乎也猜出了什么，知趣地走了。

他拿起手机，又给前妻打电话，又连打了三遍，还是无人接听。他甚至有些恼火了，但他不能表现出自己的恼火，因为女儿还在他的怀里，他不想让女儿看到他恼火时丑陋的样子。他只想在她眼里是个温柔可亲的父亲，甚至是灰太狼、熊大、熊二什么的都无所谓，只要女儿高兴，他是什么都可以，只要她喜欢他是他的爸爸。

正想到这里，前妻气喘吁吁地跑来了，一头的大汗，一脸的焦急……

见了他之后，脸色倒放松了下来，然而还是不温不火地问："你怎么来了？"

他答："今天是女儿的生日。"

她没再说话，只顾自言自语地叨念："单位临时开紧急会，不让请假。"

他说，想带女儿去过生日，蛋糕、餐厅都订好了。她半天没吱声，只是把女儿从他怀里拉了过去问："你跟妈妈回家过生日，还是跟爸爸……"

5

女儿仰着小脸望了望妈妈，又望了望爸爸，给不出答案，就这么来来回回地望，终于一下子把他望得想落泪，这么简单的一个问题，却这么难回答，女儿怎么也回答不出来，干吗要让一个6岁的孩子去为这个难……

他在心里痛恨自己，甚至后悔当初离婚的决定，没有为女儿考虑这么多，这是他唯一的失策。

他终于嘴角抽动，滴下泪来……

事情最后商定的结果是，他带女儿和前妻一起去拿蛋糕，去一家麦当劳吃蛋糕，然后女儿跟前妻回家吃饭，因为家里还有另外的一份"应酬"。

他把女儿背到背上去蛋糕店拿蛋糕，一路嘴角都尝着咸咸的泪……

他不知道，对女儿的这份亏欠，这辈子能不能还清，如果可以，他付出什么都愿意。

因为不管世事多么无常，人心多么难测，生活多么苟且，生命中总有些东西是无法撼动、不可动摇的，这份骨血之爱，天地不可改，山水不能移。

最好的孩子

1

近日，雾霾又严重了，天也亮得晚了。但佳雨依如往常，有节奏地起床、穿衣、洗漱、收拾房间，然后走到厨房盛好一家人的饭，在餐厅摆好碗筷，招呼爸爸、妈妈、奶奶吃饭。奶奶坐到饭桌上来，佳雨双手把筷子递到奶奶手里，又拿了一个鸡蛋帮奶奶把蛋剥包干净，放到奶奶碗里。这时，爸妈也陆续坐到饭桌上来，一家人开始了简单而温暖的早餐。

这些事，都是佳雨每天早上已经习惯了的“功课”。佳雨10岁，上小学四年级，一个温文尔雅、懂事、阳光的小女孩儿。

然而，这平常的一切却来之不易。

在上小学之前，佳雨还是个经常哭鼻子，并且曾一度患上轻微“自闭症”的小孩。

2

佳雨第一次上幼儿园时，没在幼儿园待够一个小时，就被园长电话通知家长，领回了家。

原因是，佳雨不但无休止地哭闹，还砸碎了幼儿园教室的窗户玻璃。

幼儿园里没有一个小朋友愿意接纳佳雨，因为佳雨长得又胖又丑，班里调皮的小朋友喊佳雨是“暖羊羊”，有的喊她“大肥猪”，甚至还有喊她“狼外婆”的……

的确，佳雨真的是一个不算漂亮的女孩儿，不但胖，并且五官比例极不协调。没办法让人轻易地喜欢。

关于她的胖，父母也曾苦心沥血用尽各种办法，但都收效甚微，关键是看着饿得没有一点精神，已出现低血糖症状的她，只剩下心疼地落泪。哪里还狠得下心再管其他。

虽然，现在的佳雨长得这么胖，但佳雨是个早产儿，没有吃过一口母乳，是用奶粉喂到一岁半的。

婴幼儿时的佳雨，食量惊人，饿了，就哭得震天响。只有吃得饱饱的，才像个安静的“小猫”。

第一次入园的失败，让佳雨妈妈非常难过，尽管这是她已经预料到可能发生的结果。佳雨妈妈没有责骂佳雨，但她很严肃地要求佳雨向幼儿园老师和园长道歉，而对佳雨的许诺是“只要道歉，你便可以选择明天来与不来幼儿园”。

佳雨冷漠地对抗了许久，但最终还是说出了那声“对不起”。

回家的路上，妈妈对佳雨说：“不管小朋友们怎么不礼貌，但你必须要有自己的修养，这叫自尊。自尊就是先要懂得尊重别人，才能获得别人的尊重，而不是恼怒地反抗和破坏。”尽管，佳雨妈妈知道，把这些大道理说给一个3岁的孩子听，她是全然听不懂的，但佳雨妈妈还是那么认真地说了。因为她知道，总有一天，佳雨会明白，不管那一天来得多么晚，多么不容易，都将是她一生的收获。

只是说完这些话，佳雨妈妈哭了，内心五味杂陈。因为，佳雨一路上都在哭诉、抱怨小朋友们的无礼和对她的“侮辱”。其实，佳雨妈妈心里也一直有一根刺，时时刺得她心疼。她也不理解，自己也算是个漂亮女人，丈夫也称得上帅气，怎么上天如此不公，让他们生了这么“丑”的一个女儿。但最终，她只能坦然接受，不管怎样，这都是上天给她的、最好的礼物。她必须好好待她。

佳雨妈妈一直在强调：“佳雨，不管别人说什么，记得你永远都是爸爸、妈妈眼里最好看的宝贝，因为这个世界上没有一个是和你一样的，你是最与众不同的，也将会是最棒的。”

每当这时，佳雨都会瞪着那双散发着天使般光芒的眼睛问：“这是真的吗？”

佳雨妈妈毫不犹豫地说：“没有错，这是真的。你永远都是爸爸、妈妈眼里最与众不同、最棒的，没人能替代你。”

每当听到这话，佳雨都笑得无比开心，眼神里跳跃出灿烂的阳光。

终于，在换过第二家幼儿园时，佳雨留了下来。尽管和小伙伴们还是有种种烦恼、不开心的“冲突”，但佳雨似乎已经懂得如何面对和解决了，再没有“过激”的事情发生。

别人家孩子的长大，都是父母骄傲的欢喜开心，而佳雨的每一步长大，都让父母心疼和得落泪。

3

小学入班时，发生的第一件不愉快的事是排座位。

因为班容量大，课桌之间的距离太狭窄，而佳雨身宽体胖，被挤在中间，非常难受，并且常常妨碍到前桌或者后桌，不是挤掉后桌的书本，就是把课桌顶得太靠前，挤得前桌的同学时常回头对她怒目而视，露出讨厌、甚至凶恶的表情。尽管，佳雨一直都是驾着万分的小心，但“摩擦”还是在所难免。这成了佳雨入学一段时间最大的烦恼，还有委屈。

佳雨终于忍受不了，回家来对妈妈说了自己的苦恼。妈妈问佳雨，坐在第几排，佳雨说“教室倒数第三排”，妈妈说“那你明天到最后一排试一下，看能不能看清黑板。”

结果，佳雨就主动向老师申请坐到教室最后一排。班主任老师惊讶一个6岁的孩子怎么这么有主见，问她什么原因，佳雨说：“不想因为自己的问题让同学不开心，那样自己也不开心。”老师很感动，所以，给了佳雨教室最后一排一个中间的位置。

佳雨也落个满心欢喜。

妈妈对佳雨竖起大拇哥说：“佳雨，我没说错，你永远都是最棒的孩子。看，连老师都表扬你了。”

但不久又有了一个新问题。

教室后面的卫生往往是最差的，常常有垃圾堆放，尤其到了夏天还散发出难闻的气味。尽管每天都有值日生打扫，但还是不尽人意。

后来，佳雨每天提前十分钟到学校，把教室后面的卫生再重新打扫一遍，干干净净的环境，让自己也清爽了不少。不久后，学校进行教室卫生评比，佳雨班里拿了第一名。老师也知道了其中的秘密，对佳雨提出了表扬。学期末，发奖状的时候，佳雨除了得了一张“学习优秀”，还比别人多了一张“三好学生”奖。

尽管，佳雨穿的衣服都是肥大没有型的运动装，没有那些花花绿绿、乖乖小女生的漂亮与萌爱，也得不到其他大人喜欢宠爱的拥抱，但佳雨每天都把衣服穿得整整齐齐、干干净净，头发每天梳得一丝不乱，也是一个阳光满面的女孩儿。

4

入小学后的第二个学期，佳雨开始被妈妈严格要求，自己的事情，学会自己处理，比如起床、穿衣、洗漱、梳头发，收拾房间、收拾书包，准备文具，水杯……都指导锻炼着要她自己完成。

后来又学着为一家人盛饭、摆碗筷、洗碗，做这些力所能及的家务。到小学三级的时候，佳雨已经能够擦地，洗小件的衣服，收拾布置自己的房间，干干净净，利利索索，井然有序，没有一丝马虎，俨然一个“小大人”的模样了。

佳雨从不贪婪电视、电脑，每天准点儿睡觉，准点儿起床，也从来没有睡过一个懒觉。

这就是一个9岁的小姑娘，已经开始有条不紊地打理自己的生活。

佳雨几乎从来不要零花钱，她自己有什么小愿望，有什么想要买的东西，都是通过主动申请各种家务得到奖赏，再去买自己想买的东西。佳雨也从来不会像别的孩子看上什么东西，就一定要家长买给她，要不就撒泼打滚闹脾气。

佳雨终于成了这样一个不一样的“自己”。

5

班里有好多漂亮女孩儿会歌唱、跳舞，“六一”儿童节的时候，表演节目，很是风光，佳雨也很羡慕，但佳雨知道那些自己做不来，那么她就为她们加油，竟也觉得很开心。

佳雨做不来这些，就做她能做的，佳雨把字练的非常漂亮，学校里每期的手抄报比赛，佳雨总是第一名。

她用自己的努力获得她应有的荣耀。

妈妈说："佳雨，你真的很棒！能把自己有能力做好的事情做好，就是最棒的，而不是出于虚荣而羡慕别人的长处，尤其是自己不擅长的，那只是徒劳的幻想。"

佳雨就是这样成了一个充满自信的女孩儿，乐观阳光。

6

从三年级的上学期开始，佳雨的身体出现了神奇的变化，她长得非常迅速，个头儿已经接近妈妈的高度，与此同时，佳雨的体型也不再肥胖臃肿，而是变得高大"苗条"起来。当然这一切她自己并没有明显感觉，而是她在别人眼中起了悄悄的变化。

妈妈喜极而泣，又常常偷笑出声来："感谢老天，让我们的佳雨终于不再是个胖姑娘了。"

佳雨开始每天跟妈妈晨跑半个小时，夜走个半小时……

终于有一天，佳雨说："妈妈，我这件衣服有点肥呀，能不能买一件新的？"

妈妈把佳雨拉到镜子面前，从身后拿出一件漂亮的衣服。原来，妈妈早有准备。

妈妈说："佳雨，你看，你长成一个苗条的大姑娘了。"

佳雨试着新衣服，第一次有了害羞的表情。

佳雨不是花枝招展的"小萝莉""小公主"，但佳雨还是成了一个非常优秀的小女孩儿，学习优秀、做人优秀、做事优秀，上天没有给她完美，但她却通过自己的努力，明白并且做到了让自己格外精彩，也分外幸福。

此生愿你慢慢长大

1

此生，我最讨厌去的地方，是医院。我是一个脆弱的人，怕见生死别离，怕见生命病态下的种种折磨、痛苦、挣扎，以及丑陋、无奈、不堪。说到底，是怕那种无力、无助的妥协与失去。但今天不一样，在医院，我感觉像换了一个新世界。

因为今天是你降生这个世界的日子，是一个新生命与我此生最平凡、却最重要的遇见。我顿时抛却了对医院的一切偏见，走廊里平素厌弃至极的味道，竟然也变得清新、温暖；那个胖胖的护士，我也觉得她一下子漂亮了许多。

一切因为你的到来。

2

因为你的到来，这世界便不相同。从此，你是我的儿子，我成为了一个爸爸。

成为爸爸，却像一个孩子般的激动、开心。

甚至，从护士手里接过你来的那一时刻，我竟有些恐慌，恐慌自己能不能胜任这一刻改变的角色。软软轻轻的小棉被根本裹不住你，你手舞足蹈，哇哇大哭，向这个世界发出你嘹亮不羁的声音。

爸爸不懂生物学，不知道为什么新生的孩子总是哇哇大哭的。应该不是冷、热、饿、困的生理反应，应该是你在努力地告诉我们：你的存在！

然后，你迅速地成长，一天一个模样，一天比一天愈加的可爱，给我们太多惊喜与欢喜。让我们毫不怀疑地觉得，这世界上最美的莫过于你，最重要的也莫过于你。

3

你大大、乌黑闪亮的眼睛，真是澄澈如湖，那光芒一下子普照在我心底，让我的心也跟着明净万分，驱散了所有烦扰和不快；

你长长的睫毛，饱满的额头，嫩嫩的小脸蛋儿，肉嘟嘟的小嘴巴，无一不完美到让人万分欢喜。你不停挥舞的胖乎乎的小手，乱蹬乱踹的小脚丫，都可爱到让人忘记全世界的烦恼。

我的全世界，只剩下你。

你睡着的样子，像一个天使。我们觉得那是天下最安静、温暖的幸福。

我们赋予你生命，你赋予我们生命最重要的意义。

4

你穿的那些小衣服，小袜袜，小帽帽，才是世界永远最美，从不过时的时装。

然后，你会笑，你会爬，你会摔东西，你会发怒，你会咬人，一会儿哇哇大哭，一会儿又咯咯笑个不停……都成了这个世界最美妙动听的声音。

我们以为，你会一直如此完美下去，也给我们最至纯、最宝贵的欢心。我们也热切地希望永远如此。

但你还是开始让我们担心，你生病、你发烧、你拉肚子，你不活蹦乱跳，你蔫得像换了一个人，让我们担心到心急如焚、坐立不安，恨不得丝毫的病痛都替你来受，不计代价，只要你还是那个活泼、可爱、好玩的你。

你好玩儿，我们的世界便好玩儿。你开心，我们的世界才温暖。

5

你牙牙学语，你蹒跚学步，你打摔菜盘，你扔掉勺子，你抢人家玩具，你竟然还学会了唱歌儿，呜呜呀呀唱英文版的《吻别》，你真是个活宝……

让我们哭笑不得。

你会看着识字拼图，只淘气地抓那些水果图案、汽车图案、铅笔、文具、山水树木、花鸟鱼虫，你却从不去理会什么“12345”，也不理会什么“日月水火，山石田土”。

你就是这么不讲道理，也这么叫人万分欢喜。

去上幼儿园，你开心地背起你的新书包，倒不如说是新玩具，一路欢蹦乱跳；但到了幼儿园门口，把你交到老师手里，转身走时，你终于恍然大悟，张开嘴巴，扯开嗓子，哇哇大哭，抱着我的大腿，扯着我的裤子，死活不肯留下。一切美食、玩具诱惑，你都无动于衷。

你终于知道，生命中不仅有相遇，相守，还有那么多的分离。

我们知道，必须靠一个过程，叫你慢慢懂得：离开也会成为人生的一个常态，你必须慢慢懂得妥协，懂得接受，到最后发现，一切不愿意的前往，也许都会变成另外一场新鲜的“好玩儿”。从此，你的世界也将无限广大。

6

几天的陪读，让你对陌生不再恐惧，也让你对离开有了客观的认识，当然也有了接受的理由。

你开始说老师怎样怎样，小朋友如何如何，你开始要求买什么什么样的本子，什么什么样的橡皮，然后你就学会了“a o e”，也学会了“牧童骑黄牛，歌声振林越”，掰着手指头算1加1等于几，2加2等于几，3加3等于几，你数了老半天……

你开始得小红花，开始得一颗糖果或者一个新本子的奖励。当然，你也不止一次地被厉害的小女孩儿抓破了脸。

你去上小学了，有了更多的老师和更多的同学，也有了更多的作业，你渐渐地变成了一个乖孩子。这乖孩子让我们世俗地欣慰，也让我们自私地担心，你终于变得不再那么“好玩儿”。

你考差了成绩，开始沉默，开始藏卷子，开始怕，开始躲；你的怕，让我们有些心疼，我们当然希望你考一个开心的成绩，但我们也不希望你早早对学习产生恐惧，甚至厌烦。哪怕你在逼迫之下，考了一个满意的分数，那么学习终于成了一个令你不喜欢，不开心的事，那么，我觉得还是有些遗憾。

如果在一个被人称道的分数和一个开心的你之间，只能选择一个，其实我们还是偏向于选择后者。

7

当然，我们也是俗人，也有“望子成龙”的一颗俗心，但若要以逼迫和忍耐的艰难辛苦来换取，我们还是有些不忍。

当然，我们不是纵容你任性顽劣，贪玩丧志，无所成就。我们只是希望你对学习，对得失，有一个清醒地认识，一份淡定的从容；是喜欢求知，懂得上进，心怀目标，享受成就，那才是不怕走远途、不怕攀高山的勇敢常态。

现实的人生，除了分数，也需要更多、更大的能量去应对，风雨坎坷，凶险磨难，强权暴力，算计不公，都更需要你有一颗足够强大的心去应对，才走得坦荡从容，不怨不馁，不堕不颓。

比如，你现在喜欢的，那些汽车，那些“武器”，如果你希望自己将来能成为一个赛车手，或者一个武器专家，那么你就尽情地去喜欢，认真地去观察和研究，大胆地尝试与想象，去掌握一切能让这个梦想实现的知识。如果你想去当一个天文学家，或者数学家，当一个足够专业的医生或者律师，等等。道理都是一样的，一切都要因为你的喜欢，你的热爱，并一生为它追求，你就是一个成功的人，一个幸福的人。或者你的理想更大，你想去开创你自己的商业帝国，你想去做一个有所担当的政客，我都愿你做的，是你喜欢的，并为之努力的就好。或者这些你都不喜欢，你只是喜欢做一个平凡的程序员，一个设计师，一个饲养员，一个花匠，一个蛋糕店的小老板，都是可以的，只要是你喜欢做的，只要你懂得付出心思和力气，实现中能养活自己，能有担当，一切都将是好的。

我们希望你功成名就，也不怕你朴素平凡，只要你是那个你喜欢的你自己，只要你能完成你愿意的那个角色。当然最最最重要的还是，你一切都好好的，在我们的全世界，就已经足够让我们不虚此生！

所以，此生，愿你慢慢长大，去努力做那个喜欢的自己。已没什么比这更幸福的事。